みんなで学ぶ！
地球科学の教科書

永田玲奈 著

古今書院

口絵1　宇宙から見た地球大気
地球の表面と暗い宇宙の間に見られるぼんやりとした青い部分が
地球大気．NASAグレン研究センターのホームページより．

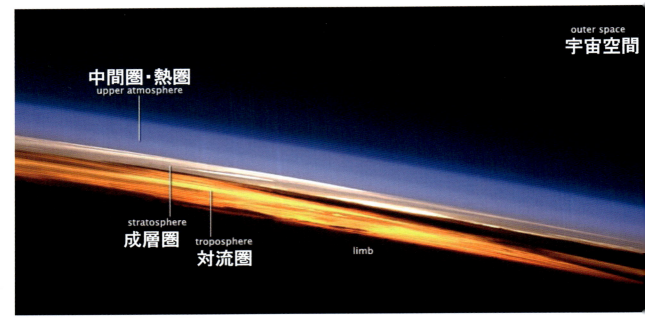

口絵 2　国際宇宙ステーションから見た地球大気
国際宇宙ステーションがインド洋南部の上空で撮影した日没時の地球大気．一番下の黒い部分が海．濃いオレンジ色と黄色が対流圏で，ピンク色の領域は「成層圏」．青い層が中間圏〜熱圏で，徐々に宇宙空間の暗い部分へと移って行く．提供：NASA ジョンソン宇宙センター地球科学および遠隔検知ユニット（NASA Photo ID：ISS023-E-57948；https://eol.jsc.nasa.gov/；日本語の説明を加筆）．

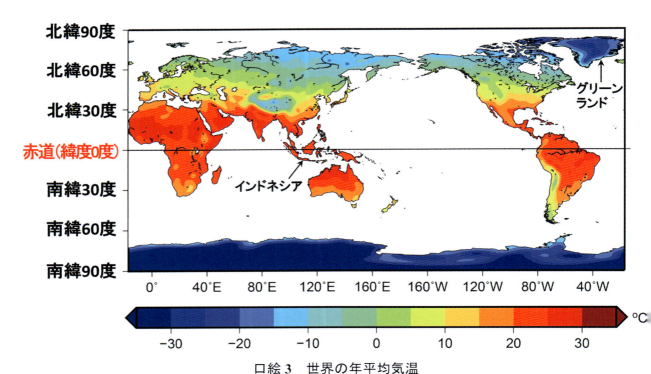

口絵 3　世界の年平均気温
値は 1991 〜 2020 年の平均値．データは NCEP/NCAR 再解析データ（Kalnay et al. 1996）の地上 2 m の気温を使用した．

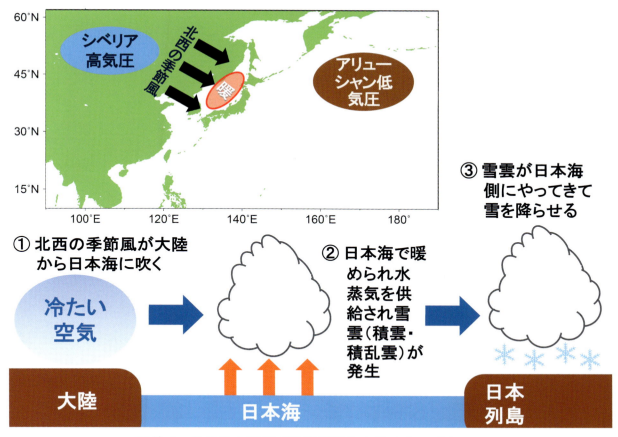

口絵4　冬の日本海側で雪雲が発生するメカニズム

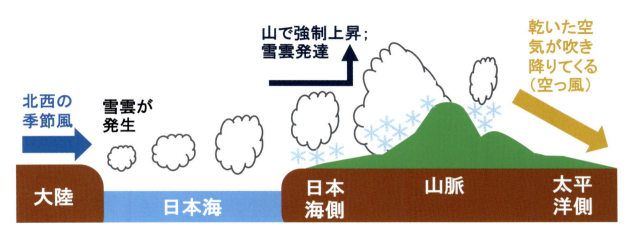

口絵5　山で雪雲が発達する様子を示した模式図

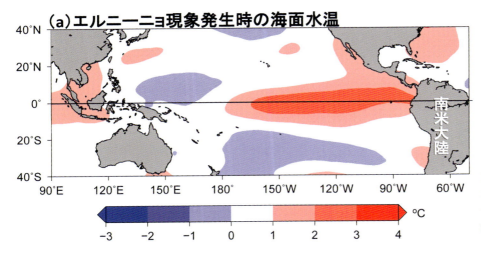
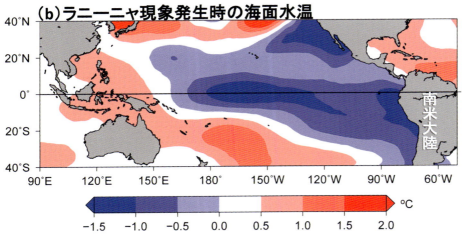

口絵 6
エルニーニョ現象とラニーニャ現象発生時の海面水温の分布
(a) エルニーニョ現象が発生していた 2016 年 1 月の海面水温のいつもの年からの差．
(b) ラニーニャ現象が発生していた 2010 年 8 月の海面水温のいつもの年からの差．
「海面水温」は海の表面の水の温度のことで，「いつもの年」は 1981～2010 年の 30 年平均値を示す．赤がいつもの年よりも海面水温が高く，青が低いことを示す．
データは ERSST v4 (Huang et al. 2015) を使用．

口絵 7
新宿・渋谷エリアの航空写真と熱画像
(左) 航空写真．
(右) サーモグラフィで計測した表面温度 (右図の A.T は気温を，S.T は表面温度を表す). 大きな緑地は周辺よりも気温が約 3 ℃，表面温度が 10 ℃ほど低くなっている．

提供：東京都立大学三上岳彦名誉教授 (日本語の説明を加筆).

目　次

　　口　絵 ······ 1
　　まえがき～「地球科学」は学ぶと楽しい！ ······ 9

第1章　地球大気の組成と成り立ち：特別な環境を持つ星「地球」 ················ 11
1. 太陽系の中の地球
    1) 惑星の定義
    2) 太陽系の惑星を比較してみよう！
    3) 太陽系の惑星の特徴
    4) 地球が位置する「ハビタブルゾーン」とは？
2. 地球の大気組成と大気の成り立ち
    1) 他の惑星とは全く違う特徴を持つ地球大気
    2) できたばかりの地球大気に酸素はなかった!?

第2章　大気の鉛直構造と大気の運動：なぜ風は吹くのか？ ················ 16
1. 大気とは？
2. 気圧とは？
    1) 私たちは日々1,000 hPaの力で大気に押されている!?
    2) 高い山でポテチの袋が膨らむのはなぜ？
    3) 大気の4つの層とは？ ～地球大気は4層のケーキ！～
    4) 大気の層の境目を目で見よう！
3. 風はなぜ吹くのか？
    1) 風が吹く仕組み ～東京ドームから出る際に強風が吹く理由～
    2) 等圧線の間隔が狭いところは風が強い！
    3) 地上と上空の風に働く力
    4) 風向とは？
    5) 上昇気流と下降気流

第3章　地球のエネルギー収支：大気がなければ地球の気温は-18℃? ················ 22
1. 地球は太陽からエネルギーをもらっている
    1) 実は地球もエネルギーを出している
    2) 地球を暖かく保ってくれる「温室効果」とは？
    3) 気温は高さによって違います！
2. なぜ同じ地球で気候が違うのか？
    1) 気候とは？
    2) 気候は何で決まる？
    3) 緯度が違うと受け取る日射量が違う！
3. 季節はなぜあるのか？
    1) 日本以外にも四季はある
    2) 地球と太陽が一番近づくのはまさかの冬!?

第4章　降水過程：雨はどうやって降るのか？ ………………………… 28

1. 雨が降る仕組み
    1) 雨が降る3つの過程
    2) 水蒸気って何？
    3) 人が雲に乗れない理由
    4) 雲からどうやって雨が降るのか？
2. 意外と知らない「雨」と「雪」の豆知識
    1) 雨か雪かは何で決まる？
    2) 雪の結晶の形
3. 積乱雲はどうやってできる？
    1) 大気の状態が不安定とは？
    2) 夏に発生する夕立のメカニズム
    3) 雹（ひょう）はどうやってできる？

第5章　大規模な大気の運動：地球をめぐる大気の流れと高気圧・低気圧 ……………… 34

1. 大気大循環
    1) 地球の熱は大気大循環により南北方向に運ばれている！
    2) 赤道から緯度30度まで熱を運ぶ「ハドレー循環」
    3) 海がなければハワイは砂漠!?
    4) 極の冷たい空気を運ぶ「極循環」
2. 温帯低気圧とはいったい何者なのか？
    1) 温帯低気圧が果たす役割
    2) 温帯低気圧の特徴
    3) 飛行時間が行きと帰りで違う理由は「ジェット気流」
    4) 天気の変化で体調が悪くなる「気象病」とは？
3. 前線とは？
    1) 前線には種類がある
    2) 空気の押す力で決まる前線の種類
4. 高気圧
    1) 高気圧とは？
    2) 高気圧にも種類がある

第6章　中小規模の気象現象：台風・集中豪雨・竜巻 ………………………… 40

1. 中小規模の気象現象とは？
2. 台風と温帯低気圧を比較してみよう！
    1) 台風と温帯低気圧は発生場所と経路が違う
    2) 台風・ハリケーン・サイクロンの違い
    3) 台風と温帯低気圧の構造の違い
    4) 台風の右側は風が強い！
3. 集中豪雨はなぜ起こる？
    1) 梅雨期の集中豪雨を引き起こす暖湿気流
    2) 線状降水帯とは？
4. 発達した積乱雲に伴う現象
    1) 雷はなぜギザギザ？
    2) 竜巻とダウンバースト

目次　7

第7章　日本の気候と卓越する気圧配置：冬の日本海側はなぜ雪が多いのか？ ………… 46
1. 冬季の日本に見られる天候
    1) 天気予報で良く聞く「西高東低の気圧配置」とは？
    2) 西高東低の気圧配置で日本海側に雪が降るメカニズム
    3) 豪雪地帯で夏よりも冬に雷が多い理由
    4) なぜ冬の太平洋側では空気が乾燥するのか？
    5) 関東地方に大雪をもたらす南岸低気圧
2. 夏季に日本で見られる天候
    1) 梅雨前線は空気のケンカ！
    2) 夏の暑さをもたらす太平洋高気圧
3. 春季と秋季に日本で見られる天候
    1) 春と秋の天気はなぜ周期的に変わるのか？
    2) 春は広範囲に暴風をもたらす「春の嵐」に注意！
    3) 秋の台風は暴風に注意！

第8章　気候変動とは？：今の気候は地球にとって「標準の気候」ではない？ ………… 52
1. 過去の地球の気候
    1) 氷河時代とは？
    2) 氷河・氷床とは？
    3) 過去の地球環境がわかる「氷床コア」
    4) 北極と南極の氷の違い
    5) 恐竜が生きていた時代はとても暖かかった
    6) 地球がまるで雪玉に！全球凍結とは？
2. 氷期－間氷期サイクルとは？
    1) 氷期と間氷期は交互に繰り返されている！
    2) 最終氷期の地球の気候

第9章　近年の気候変動：地球温暖化について正しく知ろう！ ………… 57
1. 地球温暖化はなぜ起こる？
    1) 2013年は観測史上一番気温が高かった！
    2) 私たちが普通に生活をすると温室効果ガスが増える!?
2. 大気中の二酸化炭素は過去と比べてどれくらい増えているのか？
    1) 過去80万年における大気中の二酸化炭素濃度の変化
    2) 経済活動の停滞が大気中の二酸化炭素濃度増加に与える影響
3. 地球温暖化は何が問題なのか？
    1) 地球温暖化は過去の気候と比べて何が異常なのか？
    2) 21世紀末の地球の気温はどうなる？

第10章　地球温暖化の影響：海面上昇や大雨の増加 ………… 61
1. 気温上昇で地球上の氷がとける！
    1) 氷河・氷床の減少
    2) 海氷の減少 〜ホッキョクグマが街を襲う！〜
2. 海面水位の上昇
    1) 海面水位の上昇を引き起こす原因とは？
    2) 海面水位が上昇したら何が起こるのか？
3. 地球温暖化に伴う日本の気温・降水量の変化
    1) 大雨は増えている
    2) 夏の暑い日が増加！
    3) 地球温暖化なのに寒い冬がやってくる!?

第11章　地球温暖化に対する国際的な取り組み　：身近にできる地球温暖化対策も学ぼう！ ……… 67

1. 地球温暖化を緩和するには？
    1) 地球温暖化に対する国際的な取り組み
    2) 「京都議定書」と「パリ協定」とは？
2. 私たちの努力で未来の地球は変わる！
    1) 産業革命前からの気温上昇が 1.5℃と 2℃では全く違う未来に
    2) パリ協定後の地球温暖化対策は進んだのか？
3. 身近にできる地球温暖化対策
    1) 再生可能エネルギーとは？
    2) 寝てもできる！ 地球温暖化対策

第12章　エルニーニョ現象と世界の天候　：ペルーでアンチョビが獲れなくなると日本は冷夏？ ……… 72

1. エルニーニョ現象はどんな現象？
    1) エルニーニョ現象はどこで発生するのか？
    2) 熱帯太平洋では暖かい表面の海水が西に追いやられている
    3) 海面水温が違うと全く違う気候に！
    4) 「エルニーニョ」の語源
2. エルニーニョ現象が大気に及ぼす影響
    1) エルニーニョ・ラニーニャ現象時の熱帯太平洋の大気と海洋の特徴
    2) エルニーニョ現象が発生すると砂漠にお花畑が！?
    3) エルニーニョ・ラニーニャ現象の日本と世界の天候への影響

第13章　ヒートアイランド現象　：なぜ東京の夏は暑いのか？ ……………………………………… 78

1. ヒートアイランド現象とは？
2. ヒートアイランド現象の4つの要因
    1) 地面を覆うアスファルトが都市を暖める
    2) 暑くてエアコンを強めると都市はさらに暑くなる!?
    3) ビルが密集する地域では熱が逃げにくい
    4) 都市には緑が少ない！
3. ヒートアイランド現象の影響
    1) 寝苦しい熱帯夜の増加
    2) 都市における集中豪雨の増加
4. ヒートアイランド現象を緩和するには？
    1) クールアイランドとは？
    2) 緑のカーテンと屋上緑化
    3) 海風が都市を冷やす！

文献リスト …… 84
あとがき …… 86

まえがき ～「地球科学」は学ぶと楽しい！

　皆さんは「地球科学」にどのようなイメージをお持ちですか？ 「地球科学ってつまらなそうだし，わかりにくそう…」と思っている人が多いのですが，そんなことはありません！ 地球科学は私たちが住んでいる「地球」という地域について良く知る学問です．皆さんは，快適に暮らすために自分が住んでいる地域を知ろうとしますよね？ それと同じで，私たちが住む地球で快適な生活を送るために「地球」という地域をよく知るための学問が「地球科学」なのです．

　この本では，私たちが生活する上でとても大事な「気象」（要はお天気）について学びます．気象を学んで外に出るとその知識を実感できるというのが気象学の面白いところです．風はどうして吹くのか？ 雨はなぜ降るのか？ 最近多い大雨や台風などの災害から身を守るにはどうしたら良いのかなど，友達や家族に話したくなるような知識を皆さんに提供できればと思っています．ちなみに，私は大学では文学部史学科所属だったのですが，大学院から理系に専門を変えました．なので，文系の皆さんが理解しやすいように理系科目を教えるのが得意です！

　この本で皆さんに身につけてもらいたい知識は以下の3つです．

その1：「天気予報や日常生活で目にする気象現象を楽しむ知識を身につける」

　皆さんは毎日天気予報を見ますよね？ 冬になると天気予報で「西高東低の気圧配置」という言葉をよく耳にすると思うのですが，「西高東低の気圧配置」が何かを説明できる人は少ないと思います．天気予報を理解できるようになると雨対策も立てやすくなりますし，何よりも天気予報を楽しめるようになります！

その2：「地球温暖化について正しく知ることで，今自分に何ができるのかを考える力を身につける」

　毎年夏が暑くて辛い！と思いませんか？ 年々夏の暑さが厳しくなっていると感じている人は多いのですが，その原因について理解している人は少ないです．第9章～第11章で地球温暖化についてお話ししますが，地球温暖化は私たち人間が引き起こしています．未来の自分と地球のためにできることを皆さんに考えてもらいたいのです．

その3：「気象災害に対処できる知識を身につける」

　大雨や台風など，最近気象災害による被害が多くなっています．気象災害が増加している原因は地球温暖化であると考えられているのですが，災害を引き起こすような気象現象に遭遇した際，知識があると恐怖心も薄れますし，何よりも身を守る行動を取ることができます．

ここまで「知識を身につける」という表現を使ったのですが，皆さんには「学ぶ」のではなく「知識を身につける」という気持ちでこの本を読んでもらいたいのです．私は知識を身につけることがとても好きです．なぜなら，知識が増えると当たり前と思っていたことが違って見えるからです．皆さんにも，知識を身につけて世界観が変わる楽しさを実感してもらいたいです．

　ところで，この本の各所に絵が掲載されていますよね？　私が描いた私の似顔絵です．私の似顔絵が「この章ではこんなことを学ぶよ」ということを吹き出しで言っています．私の似顔絵を楽しみながら読み進めてもらえたらうれしいです．

　実際に教室で授業を受けているような感じでこの本を作成してみましたので，皆さんも教室にいる気分で読んでくださいね．それでは，地球科学の授業を始めていきましょう！

2024 年 11 月　永田 玲奈

第1章 地球大気の組成と成り立ち

特別な環境を持つ星「地球」

「木星に着陸！」は、実はできないのです。

　他の太陽系の惑星と比較すると、地球はとても特別な環境を持った星です．この特別な環境がゆえに私たち生命体が存在します．この章では、今私たちが住んでいる地球環境がどうやってできあがったのかについてご紹介します．似顔絵では私が木星に着陸していますが、私も吹き出しで言っているように木星に着陸することはできません．「着陸できないってどういうこと？」と思いますよね？　実は土星も木星と同じように着陸できないのです．なぜ木星と土星に着陸できないのか、その理由について学んでいきましょう！

1. 太陽系の中の地球
1) 惑星の定義

　地球は太陽系に属する惑星です（図1-1）．太陽系は太陽の周りをまわる8個の惑星と惑星の周りを回る衛星（地球の衛星は「月」），そして小惑星などから構成されています．皆さんも昔学校で習ったと思うのですが，太陽系の惑星は「水星・金星・地球・火星・木星・土星・天王星・海王星」の8個です．地球は太陽系に属する惑星なのですが，では惑星とは何でしょうか？

　2006年に開催された国際天文学連合の総会で太陽系の惑星の定義をはっきりと決める会議が行われ，以下の3つの条件を満たす天体が惑星と呼ばれるようになりました．①太陽の周りを回っている（つまり「公転」している）．②十分重く，重力が強いためほぼ球状の形をしている．③その公転軌道（つまり天体が通る道筋）周辺で群をぬいて大きく，軌道上に他の天体が存在しない．以前は海王星の外側に位置する冥王星も惑星の仲間だったのですが，冥王星は惑星の定義③を満たさなかったため惑星から外れて「準惑星」と呼ばれるようになりました．

2) 太陽系の惑星を比較してみよう！

　では，ここから太陽系の惑星を比較していきましょう（表1-1）．まずは，惑星の公転周期について見ていきます．公転とは「ある天体が他の天体のまわりを回る運動」を言います．公転は惑星が

図1-1　太陽と太陽系の惑星を示した模式図
提供：NASA/JPL-Caltech（一部改訂）．

表1-1　地球を1とした場合の太陽系の惑星の公転周期・密度・大きさ・重さ

	水星	金星	地球	火星	木星	土星	天王星	海王星
公転周期	0.2	0.6	1	1.9	12	30	84	165
密度	0.98	0.95	1	0.71	0.24	0.13	0.23	0.3
大きさ	0.4	0.95	1	0.5	11	9.5	4	3.9
重さ	0.06	0.8	1	0.1	317	95	15	17

データ提供はJAXA．密度については値が大きいほど密度が高い（つまりぎゅっと詰まっている）ことを示す．

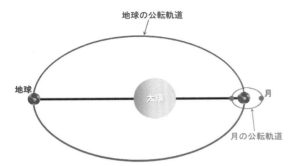

図 1-2 地球と月の公転軌道の模式図
NASA のホームページに加筆.

太陽を周る運動だけを指すわけではなく，月が地球の周りを回るのも「公転」です（図 1-2）．天体が公転するときに描く道筋が「公転軌道」です（ちなみに，惑星の公転軌道は円ではなく図 1-2 にあるように楕円）．ちなみに，自転とは「天体が自分自身で回る運動」です．つまり天体が 360 度ぐるっと回るのにかかる時間が自転周期で，地球の自転周期は約 24 時間です．

地球の公転周期は 1 年，つまり 1 年かけて地球は太陽の周りを回ります．地球の公転周期を 1 とした場合の他の太陽系の惑星の公転周期を表 1-1 に示しました．太陽に一番近い水星は 8 個の太陽系の惑星の中で一番公転周期が短く，太陽から離れるほど公転周期は長くなります．太陽から一番遠い海王星の公転周期は何と 165 年です！なぜ太陽から遠いと公転するのに時間がかかるのかというと，学校のグラウンドにあるトラックを思い浮かべてください．トラックの内側を走る人は早く 1 周できますが，トラックの一番外側を走る人は 1 周するのにとても時間がかかります．それと同じで，太陽から遠く離れた場所を回る海王星は 1 周するのにとても時間がかかるのです．

次は大きさです．地球の大きさ（直径）を 1 とすると，土星は地球の 9.5 倍，木星は 11 倍もあります．水星・金星・火星は地球よりも小さいです．このように，水星・金星・地球・火星は小さく，木星・土星は大きいです．次に密度を見てください．地球の密度を 1 とすると，木星は 0.24 で土星は 0.13 と密度が低いです．密度が高いというのはぎゅっと詰まった惑星であることを意味します．土星は太陽系の中で一番密度が低いつまりスカスカな惑星です．もし，密度が低い土星をプールにドッボーンと落とすことができたとしたら，なんと土星は水に浮くのです！

地球はぎゅっと詰まった密度の高い惑星ですが，木星や土星に比べるととっても小さいので，「重さ」となると木星や土星の方が地球よりも大分重いです．地球の重さを 1 とすると，なんと木星は地球の 317 倍も重いのです．

3）太陽系の惑星の特徴

今まで見てきた太陽系の惑星の特徴を踏まえて，8 個の惑星を分類します．水星・金星・地球・火星は小さいけれど密度が高い惑星で「地球型惑星」と呼ばれます．地球型惑星は直径は比較的小さいのですが，岩石や金属でできているため密度が高いです．木星と土星は「木星型惑星」と呼ばれます．木星型惑星は大きいのですが，主に水素やヘリウムでできているので，密度が低く大きさの割に軽いという特徴があります．そして，「天王星型惑星」に分類される天王星と海王星は太陽から遠いため主に氷でできています．では，ここから太陽系の 8 個の惑星の特徴について見ていきましょう！

3）-1 地球型惑星の特徴

水星は太陽に一番近いため昼は表面温度が 430℃に達しますが，熱を保持する大気がとても薄いので夜は -180℃になります．水星の昼と夜の温度差は約 600℃という過酷な環境なのです．水星の大気の密度は地球の大気密度の約 1 兆分の 1 というとても薄い大気なので，熱を保持できないのです（大気が熱を保持する話は第 3 章にします）．水星はクレーターが多いという特徴があります（図 1-3）．

金星は厚い硫酸の雲に覆われており，この雲が太陽光（つまり日射）の 78％を反射してしまうため地面に届くエネルギー量は地球よりも少ない

第 1 章　地球大気の組成と成り立ち　　13

図 1-3　まるでスマイルマークのような水星のクレーター
NASA のホームページより.

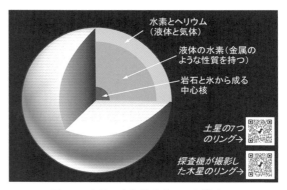

図 1-4　木星の内部構造を示した模式図

のですが，金星の表面温度は 460℃と太陽系で一番熱い惑星になっています．金星は主に二酸化炭素から成る厚い大気に覆われています．この二酸化炭素の強い温室効果（第 3 章参照）により，金星は高温となっているのです．

　次は火星です．火星は金星と同じように大気は主に二酸化炭素から成っていますが，大気がとても薄いため，熱を保持することができず寒冷な気候です．年平均気温は − 55℃ですが，地球のように四季があり季節によって −130℃から ＋30℃まで変化します．火星への移住計画という話を聞くことがあるかもしれないのですが，このような過酷な環境の火星を人が住める環境に変えるには膨大な時間とお金がかかります．残念ながら「今すぐ火星に移住！」とはいかないのです．

3) -2 木星型惑星の特徴

　木星のほとんどは水素とヘリウムの気体と液体でできています（表面のごく近くだけ気体で深いところは液体）．そして，木星大気も主に水素とヘリウムから成っています．では，みんなで木星への着陸を試みてみましょう！水素やヘリウムでできた大気からどんどん降下していくとだんだんと気体の密度が濃くなっていき，いつの間にか液体の層にたどり着きます．このように，固い地面がない木星には着陸することはできないのです（ちなみに，木星の中心には氷や岩石でできた「中心核」があると考えられている；図 1-4）．次にお話しする土星のリングは有名ですが，実は木星にもリングがあります（図 1-4 の QR コード参照）．

　土星のリングは主に氷の粒から成っており，リングは大きく 7 つに分かれています（発見された順に A リングから G リングまで名前が付けられている；図 1-4 の QR コード参照）．リングは土星の重力によって分解され土星に降り注いでおり，1 億年後には消滅すると考えられています．土星の約 46 億年の歴史の中でリングが存在するのはたったの 2 億年ほどです．「土星のリング」を見ることができている私たちは運が良いのです！

3) -3 天王星型惑星の特徴

　天王星は氷でできた惑星で，大部分が水・メタン・アンモニアの混ざった氷でできています．天王星はほぼ横倒しで回っているという不思議な惑星です．実は，地球もちょっとだけ傾いて自転しています（第 3 章参照）．天王星が横倒しになった理由は，天王星に他の天体が衝突したためと考えられています．

　海王星は太陽から遠いため表面温度は − 220℃と極寒です．海王星は計算によって発見されました．惑星の公転軌道には別の惑星の引力が影響します．天王星の公転軌道が計算と合わないことがわかり，その理由は天王星の外側にさらに惑星があるためだと考えられました．計算により割り出した位置に望遠鏡を向けて，1846 年に海王星を発見したのです．海王星は太陽を 1 周するのに 165 年かかるので，発見された 1846 年をスター

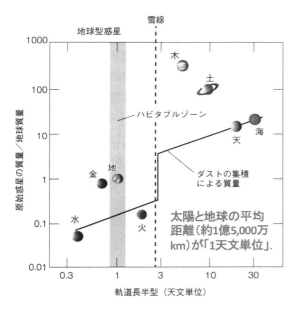

図 1-5 ハビタブルゾーンの概念図
グレーの部分（0.85〜1.2 天文単位）がハビタブルゾーンを示す．鎌田浩毅著（2018）『地球とは何か』（SB クリエイティブ）に加筆．

ト地点とすると，2011 年にやっと 1 周したことになります．

4）地球が位置する「ハビタブルゾーン」とは？

地球には私たち生命体が存在します．地球に生命体がいる理由，それは「液体の水が存在するから」です．「ハビタブルゾーン（生命居住可能領域）」は「水が液体の状態でいられる範囲」のことです．水が液体の状態でいられるかどうかを決めるのは「太陽からどれくらい離れているか」です．図 1-5 は太陽系の 8 個の惑星が太陽からどれくらい離れているのかを示した模式図で，横軸は太陽からの距離を示す「天文単位」です．太陽と地球の平均距離（約 1 億 5,000 万 km）が「1 天文単位」になります．図にグレーで示した 0.85〜1.2 天文単位が「ハビタブルゾーン」です．太陽系の惑星では地球だけが奇跡的にこのハビタブルゾーンに入っているのです．ちなみに，「ハビタブル（habitable）」とは「住むのに適した」という意味です．

2．地球の大気組成と大気の成り立ち
1）他の惑星とは全く違う特徴を持つ地球大気

これまで「大気」という言葉が何回か出てきましたが，大気とは「惑星などの天体を取り巻く気体」です．では，気体とは何でしょうか？物質は固体・液体・気体のどれかの形をとります（図 1-6）．水を例に挙げると，固体の氷に熱を加えると液体の水になり，液体の水を加熱すると気体の水蒸気になります（水蒸気は目に見えない；第 4 章参照）．逆に水蒸気を冷やす（つまり冷却する）と水になり，水を冷やすと氷になります．第 4 章の「雨が降る仕組み」のところで「水蒸気を冷やすと水になる」という話が出てくるので，覚えておいてください．

気体は目に見えないので想像しにくいのですが，気体はビー玉に例えるとわかりやすいです．大気には色々な種類の気体が存在します．大気はいろいろな色のビー玉でできていると考えるとわかりやすいと思います．「大気組成」とは，大気中にどのような成分がどれくらい含まれているのかを言います．つまり，大気の中にどの色のビー玉が何個くらいあるのかというイメージです．表 1-2 に地球と金星・火星の大気組成を示しました．地球大気は窒素が 78％，酸素が 21％とほとんど窒素と酸素でできています．二酸化炭素は 4 番目

図 1-6 水が気体・液体・固体に変化する様子を示した概念図

表 1-2 地球・金星・火星の大気組成

大気組成	地球	金星	火星
窒素	78%	3.5%	2.7%
酸素	21%	-	-
アルゴン	0.9%	0.007%	1.6%
二酸化炭素	0.039%	96.5%	95.3%

火星と金星には酸素はほとんど存在しない．

に多い気体ですが，地球大気中にわずか0.039%しかありません．大気中に二酸化炭素がわずかに含まれているという点は第3章の「温室効果」のところで重要になってきます．地球のお隣さんである金星・火星の大気組成は地球とは全く違っていて，大気のほとんどが二酸化炭素でできていますよね？　では，現在の地球大気はどのように形成されたのでしょうか？

2) できたばかりの地球大気に酸素はなかった!?

地球ができたばかりの46億年前，地球大気は現在の木星大気のように水素とヘリウムでできていました．地球大気を構成していた水素とヘリウムは，「太陽風」により地球大気から吹き飛ばされたのです（図1-7（a））．「太陽風」というのは，太陽の最上層の大気である「コロナ」が太陽の重力をふりきって宇宙空間に吹きだしたものです（ちなみに，コロナウイルスはウイルスを顕微鏡で見ると太陽のコロナみたいに見えるので「コロナ」と名付けられたそうです）．太陽風によって大気が吹き飛ばされた地球では，火山活動や微惑星の衝突により水蒸気・二酸化炭素・窒素などが大気に放出されました（微惑星とは太陽系の惑星を形成する材料となった天体）．ここで，現在地球大気の78%を占める窒素が登場します（図1-7（b））．では，酸素はどこから来たのでしょうか？

その鍵は「海」です．火山活動と微惑星の衝突により地球大気に放出された水蒸気はやがて雨となり，地表（つまり地球の表面）に溜まって海が誕生しました．海が誕生すると，海の中でバクテリアが光合成により酸素を生成しました（植物が光を用いて二酸化炭素と水からデンプンなどを作り酸素を出すのが「光合成」）．バクテリアが海の中でせっせと酸素を作り出したことで，大気中に酸素が増えていきます．そして酸素から「オゾン」が作られ，オゾンがたくさん存在する「オゾン層」ができます．オゾン層は太陽から降り注ぐ生物に有害な紫外線をシャットアウトしてくれます．これにより，今まで海の中でしか生きられなかった生物が陸上に進出し，活発な光合成により大気中の酸素はさらに増えていったのです．ちなみに，金星や火星と比較して地球大気中の二酸化炭素が少ない理由は「二酸化炭素は海に溶けたから」です．こうして，窒素が78%・酸素が21%という主に窒素と酸素から成る現在の地球大気が誕生したのです（図1-7（c））．

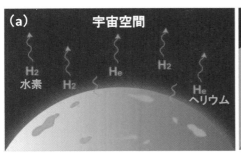
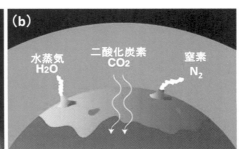
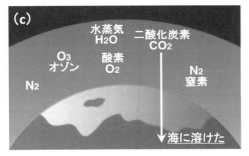

図1-7　現在の地球大気ができるまでの過程を示した模式図
米国海洋大気庁のホームページより（一部改訂）．

第2章 大気の鉛直構造と大気の運動

なぜ風は吹くのか？

　私たちが日々感じている風ですが，大気が動くこと（つまり大気の運動）が「風」です．似顔絵では私が東京ドームにどつかれておりますが，皆さんは「東京ドームを出る時になぜ強い風が吹くの？」と不思議に思いませんか？　この章では，東京ドームの強風を例に風が吹く仕組みについて皆さんに理解してもらいたいと思っています．ぜひ，次回東京ドームに行った際には強風のメカニズムを人に説明してくださいね！

1. 大気とは？

　第1章で，大気とは惑星などの天体を取り巻く気体だとお話ししました．地球の大気は地球を覆う空気を指します．私たちが吸っている空気も手で触れている空気も大気です．口絵1は宇宙から見た地球大気の写真です．地球の表面と暗い宇宙の間に見られるぼんやりとした青い部分が大気です．地球をリンゴに例えると大気はリンゴの皮くらいの薄さしかありませんが，大気は私たち生命体が生きるのに不可欠です．大気には人体に不可欠な酸素が含まれており，大気があるおかげで生物が生きるのに適した気温が保たれています（第3章参照）．宇宙からやってくるX線などの放射線や太陽からやってくる紫外線は私たち生物にとって有害ですが，大気はこれらから生物を守ってくれているのです！

2. 気圧とは？

1）私たちは日々 1,000 hPa の力で大気に押されている⁉

　「気圧」とは，地球を取り巻く大気の重さによって感じる圧力のことです．普段感じることはないと思いますが，空気には重さがあります．気圧の単位は hPa（ヘクトパスカル）で，地上の気圧は約 1,000 hPa です．今度天気予報を見る際に，地上天気図に示される気圧の値が約 1,000 hPa であることを確認してみてください．実は，地上にいる私たちは四方八方から 1,000 hPa の力で大気に押されています．「そんな力で押されて大丈夫なの？」と思いますよね？　私たちは体の中からも同じ 1,000 hPa の力で押し返しているので大丈夫なのです！　これから話題にする東京ドームの屋

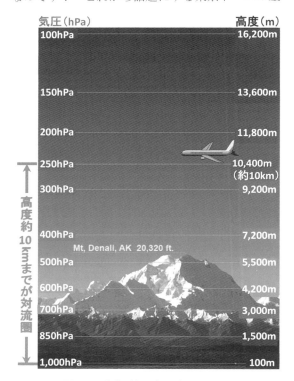

図 2-1　高度ごとの気圧を示した図
縦軸の左側が気圧（単位：hPa），右側が高度（単位：m）を示す．米国海洋大気庁のホームページより（一部改訂）．

根を膨らませている気圧が何 hPa かを知ると，私たちを押している 1,000 hPa というのがどれくらいすごい力なのかがわかると思います．

図 2-1 は高度ごとの気圧を示したものです．縦軸の左の数字が気圧で，右の数字が高度です．**気圧は地上で一番高く，上空に行くほど低くなります．**地上の気圧が約 1,000 hPa で，上空約 5,500 m の気圧は地上の半分の 500 hPa，そして飛行機が飛んでいる高度約 10 km の気圧は 250 hPa です．地上から高度約 10 km までは「**対流圏**」と呼ばれます．

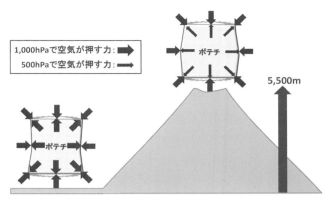

図 2-2　地上と高い山で
お菓子の袋にかかる気圧の違いを示した図

2) 高い山でポテチの袋が膨らむのはなぜ？

「高い所は気圧が低い」というのを皆さんが実感できる現象があります．山登りの際にポテチなどの袋に入ったお菓子を持っていくことがありますよね？　では，みんなでポテチをもって山に登ってみましょう！　標高 5,500 m に到達しました．はい，疲れましたね．休憩がてらポテチを食べましょう．リュックからポテチを取り出してみると，あららポテチの袋がパンパンに膨れていますね？　どうしたのでしょうか？

先ほど，地上にいる私たちは 1,000 hPa で押されているけれど体の中から同じ力で押し返しているので大丈夫とお話ししました．地上ではポテチの袋の内側も外側も 1,000 hPa の力で押されており，袋の中と外で力が釣り合っています（図 2-2）．標高 5,500 m の気圧は 500 hPa なので（図 2-1），袋の外側からは 500 hPa の力で押されますが，袋の中からは地上と同じ 1,000 hPa の力で空気が袋を押しています．上空 5,500 m ではポテチの袋を中から押す力が外から押す力の倍になっているため，ポテチの袋が膨らむのです！

3) 大気の 4 つの層とは？
　　〜地球大気は 4 層のケーキ！〜

「地球をリンゴに例えると大気の厚さはリンゴの皮くらい」と先ほどお話ししましたが，大気の厚さは約 500 km です．地上から約 500 km まで

の大気が存在する範囲を「**大気圏**」と言います．大気圏は**対流圏・成層圏・中間圏・熱圏**の 4 つに分けられます（図 2-3）．「地球大気は 4 層のケーキだ」と考えるとわかりやすいと思います．地上から上空約 10 km までが「対流圏」で，雲ができて雨が降るというこれから皆さんが学んで行く気象現象のほとんどが対流圏で発生します．対流圏の上にある上空約 50 km までは「成層圏」です．成層圏には第 1 章でお話ししたオゾン層が存在します．成層圏の上にある高さ約 80 km までが「中間圏」です．中間圏では流れ星が燃え尽きます．

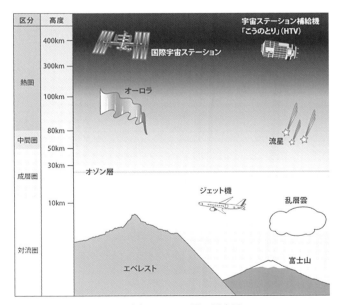

図 2-3　大気の 4 つの層の概念図
提供：JAXA．

オーロラが発生するのは一番上の層である「熱圏」です．

口絵 2 に国際宇宙ステーションから見た地球大気の写真を示しました．暗くなった地表の上に鮮やかな色の大気の層が見られます．濃いオレンジ色と黄色が対流圏で，ピンク色の領域が成層圏です．青色の層が中間圏〜熱圏で，徐々に宇宙空間の暗い部分へと移って行くのです．この写真からもわかるように，地球大気は層になっています！

4）大気の層の境目を目で見よう！

私たちは対流圏と成層圏の境目である「**対流圏界面**」を目で見ることができます．皆さんは積乱雲という雲をご存知ですか？ **積乱雲**は強い上昇気流（後述）によって鉛直方向にものすごく発達した雲なのですが（図 2-4（a）），ある高度でもう上に行けなくて横に広がっているのがわかります（図 2-4（b））．ここが対流圏界面です．対流圏でできた雲は成層圏には行けません．対流圏界面で横に広がった雲を「かなとこ雲」と言います．

夏に発生する雷を伴うような激しい雨は積乱雲からもたらされるので，夏にかなとこ雲を見る機会があると思います．ちなみに，映画「天気の子」のポスターで主人公の女の子が乗っている雲はかなとこ雲です．表紙の写真は飛行機の窓から雲を撮影したものなのですが，上空を飛んでいる飛行機から外を見ると雲が自分よりも下に見えますよね？ 飛行機は高度約 10 km の対流圏界面付近を飛んでいます．対流圏で発生した雲は成層圏に行けないため，飛行機では雲が自分の下に見えるのです．

3．風はなぜ吹くのか？

1）風が吹く仕組み
～東京ドームから出る際に強風が吹く理由～

空気を入れてパンパンに膨らませた風船を押すと，押し返される感覚がありますよね？ 空気には押す力があり，隣り合う空気はいつも押し合っています．空気の押す力に差があると，押す力の強い方から弱い方に向かって空気は押し出されます．このような空気の動きが「**風**」です．気圧が高い空気は気圧が低い空気よりも押す力が強いので，空気は気圧が高い方から低い方に動きます（これは地球大気が存在するところならどの場所・どの高度でも成り立つ）．

皆さんは，東京ドームの屋根が風船のように空気で膨らんでいるということをご存知ですか？ 東京ドームの屋根は空気を入れないとぺしゃんこです（図 2-5 に示した QR コードのサイト参照）．東京ドームは空気をたくさん入れて屋根を膨らませているので，外よりもたくさん空気が入っています．空気がたくさんあるところは気圧が高いで

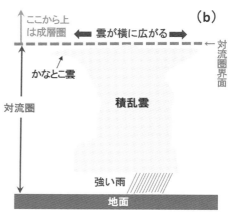

図 2-4 積乱雲の写真と模式図
(a) 高度約 12 km から見た積乱雲（米国海洋大気庁のホームページより）．
(b) 積乱雲の模式図．積乱雲は成層圏には行けないので対流圏界面で横に広がる．横に広がった雲が「かなとこ雲」．

す（逆に空気が少ないところは気圧が低い）．空気がたくさん入っているドームの中は外よりも約 3 hPa 気圧が高いのです．先ほど，私たちの体が内からも外からも 1,000 hPa という力で押されているとお話ししましたが，東京ドームの屋根を膨らませる力が 3 hPa であることを知ると，1,000 hPa はとんでもない力だということがわかると思います．

東京ドームの中と外で気圧差がある状態でドアを開けます．空気は気圧の高い東京ドームの中から気圧の低い外に向かって動きます（図2-5）．空気が動く＝「風」なので，私たちはドームの中から押し出されるような風を感じるのです．これは，風船に空気を入れて閉じていた口を離すと空気が勢いよく出て行くのと同じです．ドームの中と外の気圧差は約 3hPa ですが，この気圧差であれだけの強風が吹くのです．空気の力はすごいですよね．

2）等圧線の間隔が狭いところは風が強い！

今お話ししたように，空気は気圧が高いところ（つまり「高圧部」）から気圧の低いところ（つまり「低圧部」）に向かって動きます．この気圧差によって空気を動かそうとする力を「**気圧傾度力**」と言います．気圧傾度力は「気圧の高い方から低い方に向かう力」です（図2-6）．「気圧傾度力」は地球上のどこでも（上空でも地上でも），**等圧線に対して直角方向に気圧の高い方から低い方に**働きます．等圧線とは「天気図上で気圧の等しいところを結んだ線」のことです．図2-6では，(a)よりも(b)の方が等圧線の間隔が狭いですよね？気圧傾度力は等圧線の間隔が狭いほど大きくなります．つまり，**等圧線の間隔が狭いところほど強い風が吹くのです！**

皆さんが天気予報でよく目にする天気図は地上で観測された気圧や風などをもとに作成された「地上天気図」ですが，高度が高いところで観測されたデータをもとに作られた上空の天気図である「高層天気図」もあります．図2-7 は 500 hPa

図 2-5　東京ドームから出る際に強風が発生するメカニズムを示した図

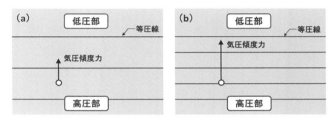

図 2-6　気圧傾度力の説明図
(a) よりも (b) の方が等圧線の間隔が狭い（「等圧線」とは天気図上で気圧の等しいところを結んだ線のこと）．

（つまり上空約 5,500 m；図 2-1 参照）の風と等高度線（等圧線と同じと考えてください）を示したものです．先ほどもお話ししたように，気象現象は主に地上から上空約 10 km の対流圏で発生します．天気予報には地上だけではなく上空の状態を

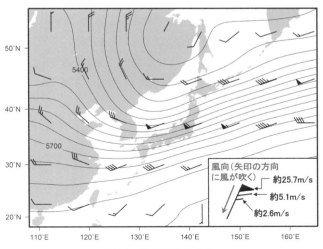

図 2-7　高層天気図の例
2023 年 12 月 22 日午前 9 時の 500 hPa（上空約 5,500m）の天気図．黒線は等高度線（等圧線と同じと考えて良い）を，矢羽根は風向と風速を示す（データは NCEP/NCAR 再解析データを使用；Kalnay et al. 1996）．右下に矢羽根の説明を示した．

見る必要があるため，高層天気図も使用するのです．

図2-7で羽のような記号である矢羽根が，空気の動く速さである「**風速**」と，風が吹いてくる方向である「**風向**」を示します．矢羽根は日本式もありますが，ここでは国際式について説明します．図の右下に矢羽根の見方を示しました．風は矢印の方向に吹きます．風速の単位はメートル毎秒（m/s）で，三角形の「ペナント」は風速が約25.7 m/sを，長い矢羽根は風速約5.1 m/sを，そして短い矢羽根は風速約2.6 m/sを示します．等圧線の間隔が広いところは風が弱く，等圧線の間隔が狭いところは風が強いことがわかります．先ほどお話ししたように，等圧線の間隔が狭いところは気圧傾度力が大きく風が強いのです．

3）地上と上空の風に働く力

皆さん，図2-7を見て何か気付くことはありませんか？　先ほど気圧傾度力は等圧線に直角方向に働く力だと説明したのですが，風は等圧線に平行に吹いていますよね？　これはなぜでしょうか？

その理由は「**コリオリ力**」です．風には気圧傾度力の他に，地球が自転していることで生じる力であるコリオリ力が働きます．上空では気圧傾度力とコリオリ力が釣り合った「**地衡風**」という風が吹いています（図2-8（a））．地衡風は図からもわかるように，等圧線に平行に吹きます．コリオリ力は北半球では進行方向に対して直角右向きに働く力です．つまり地衡風に対して直角右向きに働きます（南半球では直角左向き）．コリオリ力は「転向力」とも言い，その名の通り「風向」だけを変える力です（風速は変えない）．コリオリ力は規模の大きな現象に働く力です．今後お話しする低気圧・高気圧などの広いスケールの現象ではコリオリ力が働きますが，東京ドームのような狭い領域で空気が気圧の高い方から低い方に動く際にはコリオリ力は働きません．

上空では等圧線に平行に風が吹きますが，地上付近で風は等圧線を横切るように気圧の高い方から低い方へと吹いています（図2-8（b））．これはなぜでしょうか？　その答えは「**摩擦力**」です．地上付近では，空気は地表面との摩擦の影響を受けます．地上付近では気圧傾度力・コリオリ力・摩擦力の3つの力が釣り合って，風は高圧部から低圧部に向かって等圧線を斜めに横切るように吹きます．摩擦力は風速を小さくし，風向も変えます．

4）風向とは？

風向とは「風の吹いてくる方向」で，北を基準に時計周りに16に分割した16方位で表します（図2-9）．例えば「北風」は北から吹いてくる風で，「南東風」は南東から吹いてくる風です．天気予報で「南よりの風」・「北よりの風」という言葉を聞くことがあると思うのですが，南よりの風とは「風

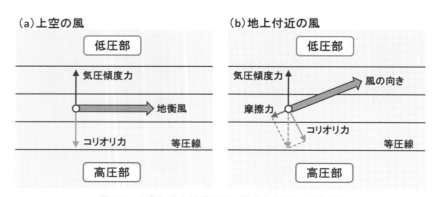

図2-8　上空と地上付近の風に働く力を示した模式図
（a）上空の風，（b）地上付近の風．

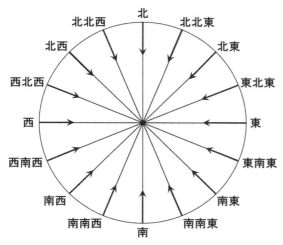

図 2-9　風向を表す時の 16 方位
白木正規著「新 百万人の天気教室」をもとに作成.

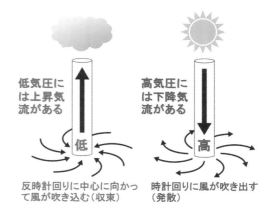

図 2-10　上昇気流と下降気流の模式図
「低」は低気圧,「高」は高気圧を示し,太い矢印は上下方向の空気の流れを示す.細い矢印は北半球における低気圧・高気圧の風を示している.米国海洋大気庁 SciJinks のホームページより（一部改訂）.

向が南を中心に南東〜南西の範囲でばらついている風」です．風はいつも一定ではなく時々刻々と変わります．ある場所で南風を中心に南東から南西の範囲の風が観測される場合は「南よりの風が吹いている」と言います．また，ある場所で北風を中心に北西〜北東の範囲の風向が観測される場合は「北よりの風が吹いている」と言います．

5）上昇気流と下降気流

　ここまでお話しした水平方向の空気の流れは「風」ですが,上下方向の流れには「**上昇気流**」と「**下降気流**」があります（図 2-10）．上昇気流は上向きの空気の流れで,**上昇気流があるところは雲ができます**．下降気流は下向きの空気の流れで,**下降気流があるところは雲ができずに天気が良いです**．高気圧には下降気流があり,低気圧には上昇気流があります．低気圧がやってくると天気が下り坂になるのは,上昇気流により雲ができて雨が降るからなのです．上昇気流で雲ができる話は第 4 章でします．

第3章 地球のエネルギー収支

大気がなければ地球の気温は -18℃？

「エネルギー収支」とは「エネルギーの出入り」のことです．地球は太陽からエネルギーをもらうだけではなく，地球自身もエネルギーを出しています．私の似顔絵では地球とともに私が傾いていますが，実は地球は23.4度傾いて自転しています．この傾きがあるおかげで，私たちにとって重要なあることが地球上で起こっているのです．「重要なあること」とは何かについて学んで行きましょう！

1. 地球は太陽からエネルギーをもらっている

1) 実は地球もエネルギーを出している

地球は太陽からエネルギーをもらっています（図3-1）．太陽からのエネルギーを「**太陽放射**」といいます（太陽放射は「日射」とも呼ばれる）．もし太陽がなかったら，地球は真っ暗になり気温が下がって生物が生きることはできません．地球上で私たち生命体が生きていられるのは太陽のおかげなのです！太陽放射を受け続けるだけだと，地球はどんどん熱くなってしまいますよね？太陽放射を受け取り暖められた地球は「赤外線」としてエネルギーを宇宙空間に出しています．これを「**地球放射**」といいます．地球が太陽からエネルギーを受け取り，地球も赤外線としてエネルギーを宇宙空間に出している場合の地球の平均の気温は -18℃です．ちょっと寒すぎますよね．地球には大気があるので実際の平均気温は15℃です．大気は地球が出すエネルギー（つまり赤外線）を吸収して地表に戻してくれます．これを「**温室効果**」と言います．大気は地球にとって寒い冬に着るコートやお鍋の蓋のような役割を果たしてくれているのです！

2) 地球を暖かく保ってくれる「温室効果」とは？

金星では硫酸の雲によって日射の78%が反射されますが（第1章参照），地球では太陽放射の約30%が反射されます．地球が受け取る太陽放射を100%とすると，地表面で約50%，大気と雲で20%が吸収され，残りの約30%は大気や雲および地表面で反射され宇宙空間に出ていきます（図3-2）．入ってくるエネルギーに対して反射するエネルギーの割合を「**アルベド（反射率）**」といいます．地球は入ってくる太陽放射の約30%を反射しているので，地球のアルベドは約30です．

太陽放射の約50%を吸収して暖められた地表面は，私たちの目に見えない「赤外線」としてエネルギーを宇宙空間に放出します（これが前述の「地球放射」）．地球大気には「**温室効果ガス**」と呼ばれる気体がわずかに存在します．温室効果ガスは，地球から出される赤外線をキャッチして地表に向けて戻してくれます．これが温室効果です（図3-3（a）参照）．地球温暖化の原因は温室効果ガスなので「温室効果ガスは悪いもの」と思って

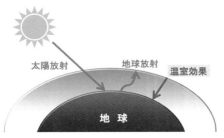

図3-1 太陽放射と地球放射の概念図

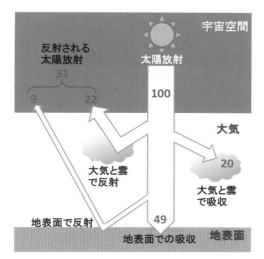

図 3-2　地球が反射・吸収する太陽放射の割合
数字の単位はパーセント（%）．地球が受け取る太陽放射を100%とすると，地表面で約50%，大気と雲で20%が吸収され，残りの約30%は大気や雲および地表面で反射され宇宙空間に出ていく．

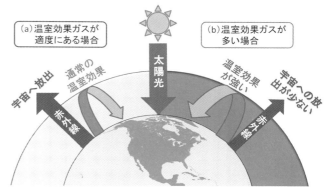

図 3-3　温室効果のしくみを示した概念図
地球大気中に（a）温室効果ガスが適度に存在する場合の温室効果，（b）大気中の温室効果ガスが多い場合の温室効果．温室効果ガスが増加すると温室効果が強まる．

いる人が多いのですが，大気中に温室効果ガスが適度にあるおかげで，地球の平均気温は私たち生命体が生きるのに適した気温に保たれているのです．

産業革命以降，人間が大気に排出する温室効果ガスが急激に増加しています．大気中の温室効果ガスが増えることで，地表面から出た赤外線を温室効果ガスがキャッチして地表に戻すという「温室効果」が強まります（図 3-3（b））．その結果，地球の気温がどんどん高くなっているのです．これが「地球温暖化」です．地球温暖化のイメージとしては，私たち人間が夏の暑い日に必要もないのにダウンコートを着せられているような感じです．私たちが「暑いんだからダウンコートはいらないよ」と思うのと同じように，地球も「こんなに温室効果ガスはいらないよ」と思っているかも知れません．温室効果ガスが悪いのではなく，大量に大気に温室効果ガスを排出している私たち人間が悪いのです．

温室効果ガスが地球大気に占める割合はわずかです（表 3-1）．地球温暖化では「二酸化炭素が問題だ」と言われるのですが，実は温室効果の強さ（表 3-1 の「地球温暖化係数」）を見ると，メタンは二酸化炭素の 25 倍，六フッ化硫黄に至っては二酸化炭素の 2 万倍以上の強い温室効果があります．なぜ，現在二酸化炭素が問題になっているのか？については第 9 章でお話ししたいと思います．

3）気温は高さによって違います！

図 3-4 は地球の気温が高さとともにどう変わるのかを示したグラフで，縦軸が高度で横軸が気温です．グラフの線が右に行くと気温が高く，左に行くと気温が低いことを示します．対流圏では高

表 3-1　温室効果ガスの例

温室効果ガス	大気に占める割合	地球温暖化係数	排出源
二酸化炭素	0.039 %	1	化石燃料の燃焼など
メタン	0.00018 %	25	化石燃料の採掘や埋め立てなど
一酸化二窒素	0.000032 %	298	窒素肥料の使用や工業活動など
六フッ化硫黄	0.00000000067 %	22,800	重工業（電気の絶縁体など）

「地球温暖化係数」とは，二酸化炭素を基準（つまり「1」）とした場合の他の温室効果ガスの温室効果の強さを表した数値．地球大気にはこの表で示した以外の温室効果ガスも存在する．

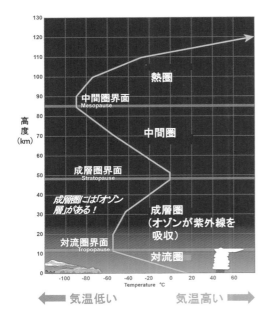

図 3-4　地球の気温の鉛直分布
成層圏と中間圏の境目が「成層圏界面」で，中間圏と熱圏の境目が「中間圏界面」．米国海洋大気庁のホームページより（一部改変）．

度とともに気温が下がっています．これはなぜでしょうか？　先ほどお話ししたように，地球が受け取る太陽放射を 100 とすると約 50％ が地表面で吸収されます（図 3-2）．日射が直接大気を暖めているイメージを持っているかもしれないのですが，実は大気はあまり日射を吸収しません．太陽放射により暖められた地表面が出す赤外線が下から大気を暖めているため，対流圏では地面付近で一番気温が高く，高度が増すごとに気温は下がっていくのです．

　成層圏では高度ともに気温が上昇します．大気中のオゾンの約 90％ は成層圏に存在します．このオゾンの多い層が「オゾン層」です．第 1 章でお話ししたように，オゾン層は太陽から降り注ぐ生物に有害な紫外線をシャットアウトしてくれます．オゾンが太陽からやってきた紫外線を吸収することで大気が暖められるため，成層圏では高度とともに気温が上昇するのです．中間圏ではオゾンによる加熱の効果がないため，気温は高度ともに下がります．熱圏に存在する酸素や窒素の分子・原子は，地球に降り注ぐ人体に有害な紫外線や X 線を吸収してくれます．これにより大気が暖められるため，熱圏では高度とともに気温が上がります．

2．なぜ同じ地球で気候が違うのか？
1）気候とは？

　気象とは「時々刻々と変化する大気の現象」で，雨が降ったり晴れたり雲ができたりという時々刻々と変化する大気の現象が「気象」です．これに対して，気候とはある地域における気象の平均的な特徴です．例えば，赤道付近は年間を通して気温が高いとか，南極は年中気温が低いなど，ある地域における気象の平均的な特徴を「気候」といいます．

　同じ地球でも地域によって気候は異なりますよね？　同じ地球で気候が違う理由について知ってもらうためには，まず皆さんに低緯度・中緯度・高緯度について覚えてもらう必要があります（図 3-5）．緯度 0 度である「赤道」を基準にして，南は「南緯」で北は「北緯」です．赤道から北緯 30 度と赤道から南緯 30 度までが「低緯度」で，北緯 30～60 度と南緯 30～60 度が「中緯度」です．北緯 60 度～北緯 90 度（つまり北極点）と，南緯 60 度～南緯 90 度（つまり南極点）までが「高緯度」です．ちなみに，日本は「中緯度」に位置しています．これから，低緯度・中緯度・高緯度という言葉が出てくるのでよく頭に入れておいてください．

図 3-5　低緯度・中緯度・高緯度の説明図

図3-6 グリーンランドの写真
6月におけるグリーンランドのクルスクの様子．
NASAのホームページより．

2）気候は何で決まる？

図3-6はグリーンランドのクルスクという場所の写真です．こちらはグリーンランドの夏にあたる6月に撮られた写真なのですが，海の水が凍った**海氷**や雪・氷河（第8章参照）が見られとても寒そうです．次に，インドネシアのバリ島を思い浮かべてください．バリ島と言えばいつも暖かい南国のリゾート地ですよね．インドネシアとグリーンランドはずいぶん気候が違う土地なのですが，ではインドネシアとグリーンランドは何が違うのでしょうか？　それは，緯度です．口絵3は世界の年平均気温の30年平均値（1991～2020年）を示しています．赤い色は気温が高く，青い色は気温が低いことを示します．インドネシアは低緯度に，グリーンランドは高緯度に位置していますよね？　気候が異なる2つの地域は緯度が異なるのです．ある地域の気候を知るには，その地域の長い期間の気温や降水量の平均値を見ます．口絵3から，緯度ごとに気温の高い低いがだいたい決まっていることがわかると思います．インドネシアのような赤道に近い地域の気温は高く，グリーンランドのように極に近い地域の気温は低いです．気候は基本的に「緯度」によって決まりますが，緯度以外にも標高や地形も気候を決める重要な要因です．また，同じ緯度に位置している地域でも，海に囲まれているかどうかで気候は全く変わってきます（第5章参照）．

3）緯度が違うと受け取る日射量が違う！

緯度によって気温が異なる理由，それは受け取る日射量が緯度によって違うからです．地球は球体（正しくは「楕円体」）なので，緯度によって太陽から受け取る日射量が違います．ちなみに，地球はほんの少しだけ上下につぶれた「みかん」のような形をしています．地球が丸い形をしているため，赤道付近では太陽光が真上から届きます．このため赤道付近では地表面で受け取る日射量が多くなり，日差しが強く暑いのです．一方，極に近い高緯度では太陽光が斜めから届くため地表面で受け取る日射量が少ないので，日差しが弱く気温が上がりにくいのです．

「今の話はちょっとわかりにくいよ」という皆さん，真夏の太陽を思い浮かべてください．真夏に太陽が自分の真上にいる正午には太陽光が真上から届くのでとても暑いですよね？　日が傾いて太陽光が斜めに当たるようになると，「少し涼しくなったな」と感じますよね．それと同じで，太陽光が上から当たる赤道付近は暑く，斜めから太陽光が届く高緯度では気温が低いのです．

3．季節はなぜあるのか？
1）日本以外にも四季はある

日本には春・夏・秋・冬の「四季」があります．気候学では日本が位置する北半球は3～5月が春，6～8月が夏，9～11月が秋，そして12～2月が冬です．図3-7は東京の月平均気温を1～12月に

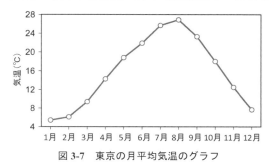

図3-7　東京の月平均気温のグラフ
1～12月の各月の月平均気温を示している．値は1991～2020年の30年平均値．気温のデータは気象庁より．

ついて示したものです（1991～2020年の30年平均値）．このグラフからもわかるように，日本では北半球の夏である6～8月に気温が高く，北半球の冬である12～2月に気温が低くなります．「日本にだけ四季がある」と思っている日本人は多いのですが，季節がある理由を聞くと「日本だけに四季があるという考えは違う」ということが理解できると思います．

皆さんは「北半球と南半球では季節が真逆だ」ということをご存知ですか？　私たちが住んでいる北半球が夏の時，南半球は冬です．逆に北半球が冬だと南半球は夏です．私たちがコートを着て「寒いー！」と言っているクリスマスの時期に，南半球に位置するオーストラリアではサンタがサーフィンをしているなんて光景を目にしますよね？　私はニュージーランドのジャズリンゴが好きで夏になるとよく食べています．りんごは冬の果物ですよね？　日本が夏の時に南半球は冬なので，おいしいりんごが南半球のニュージーランドで収穫され日本に輸入されるわけです．このようにスーパーなど身近なところでも北半球と南半球の季節が逆であることを実感することができます．この章の最初に「地球は太陽からエネルギーをもらっている」とお話ししましたよね？　今まで学んできた知識から，「季節変化には太陽が関係しているのでは？」ということが推測できると思います．

2）地球と太陽が一番近づくのはまさかの冬!?

季節がある理由を「地球と太陽の距離が季節によって変わるから」と思っている人がいますが，これは間違いです．第1章で学んだように，ある天体が他の天体のまわりを回る運動が「公転」で，天体が公転するときに描く道筋が「公転軌道」です．図3-8では地球の公転軌道は円で描かれていますが，第1章でもお話ししたように実際の公転軌道はちょっとだけ楕円です．このため，1年の中で地球が太陽に一番近づく時があります．では，ここで皆さんに問題です．1年の中で地球が太陽に最も近づくのはどの季節でしょうか？　正解は，まさかの「冬」なのです（図3-8）．地球が太陽に最も近づく「近日点」は1月4日ごろ，つまり北半球の冬です．これに対して，地球が太陽から最も遠ざかる「遠日点」は北半球では夏の7月5日ごろです．このことからもわかるように，地球に季節変化があるのは地球と太陽の距離が季節によって変わるからではないのです．では，季節変化はなぜ起こるのでしょうか？　それは，「地球の自転軸が傾いているから」です．地球の北極と南極と結ぶ軸である地球の自転軸のことを「地軸」といいますが，地軸は23.4度傾いているのです．

図 3-8　地球の近日点・遠日点を示した模式図
破線は地球の公転軌道を示す．NASAのホームページより（一部改変）．

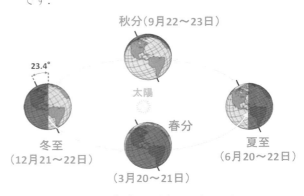

図 3-9　季節ごとに地表面で受け取る日射量の違いを示した模式図
矢印の付いた線は地球の公転軌道を示す．米国国立気象局のホームページより（一部改変）．

図 3-9 は地球が受け取る日射量の季節ごとの違いを示した模式図です．地球の自転軸である地軸が 23.4 度傾いているため，太陽光（つまり日射）の当たり方が季節によって変化します．模式図で地球の色が薄いグレーの部分が地表面で受け取る日射量が多いことを示します．冬至と夏至を比較してみてください．夏至，つまり「北半球の夏」には北半球の地表面では日射をたくさん受け取りますが，南半球は北半球よりも地表面で受け取る日射量が少ないです．日射をたくさん受け取る北半球は気温が高い「夏」，受け取る日射量が少ない南半球は「冬」になります．冬至には南半球の地表面でたくさん日射を受け取るのに対して，北半球では南半球よりも受け取る日射量が少ないことがわかります．地表面で受け取る日射量が少ない北半球は「冬」，たくさん日射を受け取る南半球は「夏」となるのです．春と秋には北半球・南半球とも同じくらいの日射量を地表面で受け取ります．この章の最初にお話しした「地球が傾いているから起こっているあること」とは「季節変化」なのです！

第4章 降水過程

雨はどうやって降るのか？

　この章の私の似顔絵は，私が雲を食べて「美味しくないー」と言っています．雲は綿あめのようで食べたらおいしそうに見えるのですが，実は雲は食べるととってもおいしくないのです．スカイダイビングの際に雲を食べた人いわく「お手入れしていない加湿器」のような味がするそうです．なぜ雲はおいしくないのか，その理由についてこの章でお話ししたいと思います！

1. 雨が降る仕組み
1）雨が降る3つの過程

　まずは，雨が降る3つの過程についてお話ししていきます．雨が降る時，空には何がありますか？雲ですよね？　まずは，雨が降るには雲ができなくてはいけません．雲ができるには空気の塊が上昇する「上昇気流」が必要です（第2章）．雨が降る3つの過程は，「①上昇気流が起きる→②雲ができる→③雲から雨が降る」です．上昇気流が発生する原因は大きく4つに分けられます．1）強い日射で地面が加熱される，2）上空に寒気（つまり冷たい空気）が入る，3）山の斜面に風がぶつかる（第7章参照），4）低気圧や前線付近で上昇気流が発生する（第5章参照）．1）と2）についてはこの章でお話しします．

2）水蒸気って何？

　なぜ空気が上昇すると雲ができるのかを知るには，「空気には水蒸気が含まれている」という点を理解する必要があります．空気中に含まれる水蒸気の量を表すのが「湿度」です．東京の冬は湿度が低くて乾燥しますが，夏の暑い日は「湿度が高くてじめっとしてつらい！」と思いますよね？このように空気中の水蒸気は気体なので目には見えませんが，感じることができます．

　水蒸気は冷やすと目に見える水滴（つまり液体の水）に変わります（図1-6）．水蒸気が水に変わることを「凝結」と言います．雲がどうやってできるのかを知るには，「空気が冷えると空気中の水蒸気が水滴や氷の粒に変わる」という点が大事です．水が気体・液体・固体と状態が変化する時には，変化に伴って熱を大気から吸収したり大気に放出したりします．この熱を「潜熱」といいます．

　図4-1を見てください．1グラムの水蒸気は約600 cal（カロリー）の潜熱を大気に放出して，液体の水になります（calは熱量の単位）．逆に水が気体の水蒸気になる時は（「蒸発」という），約600 calの潜熱を大気から吸収します．1グラムの水が固体の氷になる時は約80 calの潜熱が大気に

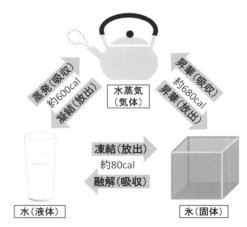

図 4-1　水の状態変化の名前と潜熱の吸収・放出
　　　　cal（カロリー）は熱量の単位．

放出され，逆に氷が水になる時は約 80 cal の潜熱を大気から吸収します．水蒸気を急速に冷やすと液体の水ではなく固体の氷になります．これは「昇華」と呼ばれます．水蒸気が氷に変わる際には，約 680 cal の潜熱が大気に放出されます．固体から気体への状態変化も昇華で，氷が水蒸気に変わる際には約 680 cal の潜熱が大気から吸収されるのです．空気中の水蒸気が冷やされて水滴や氷の粒に変わったものが「雲」なのです！

3）人が雲に乗れない理由

皆さん，「雲の上で寝てみたい！」なんて一度は思ったことがありますよね？　雲は水滴と氷の粒でできているので，乗っても落ちてしまいます．ということで，口絵 1 の右上にある私の似顔絵の 1 つ目の間違いは「私が雲に乗っている」です．「上昇気流が起きると雲ができる」と第 2 章でお話ししましたが，実は空気は上昇すると冷えます．空気が冷えると，空気中の水蒸気が水滴や氷の粒となって雲ができるわけです．

水蒸気が冷やされると水滴に変わるという現象を私たちは日常生活で経験しています．夏の暑い日に水が入ったペットボトルを冷蔵庫から出してしばらく室温に置いておくと，ペットボトルのまわりに水滴が付きますよね？　水滴はペットボトルからしみ出したのではありません．ペットボトルに入っている冷たい飲み物によりペットボトルの周りの空気が冷やされ，空気中の水蒸気が私たちの目に見える液体の水に変わったのです．

ちなみに，水蒸気が水滴や氷の粒になるには，空気中のチリやほこりが必要です．雲を構成する水滴や氷の粒は空気中のチリやほこりを含んでいます．このため，雲は美味しくないのです．もちろん，雲から降ってくる雨もチリやほこりを含んでいるためきれいな水ではありません．では，雲からどうやって雨が降るのでしょうか？

4）雲からどうやって雨が降るのか？

ここまで学んだように，雲ができるには上昇気

図 4-2　巻雲の写真
米国海洋大気庁のホームページより．

流が必要です．上向きの空気の流れである上昇気流により，雲は落ちてくることなく空に浮かんでいることができます．雲を構成する水滴や氷の粒はぶつかってくっつきだんだんと大きくなります．大きくなって重くなり上昇気流では支えきれなくなると，水滴や氷の粒が雲から落ちてきます．これが雨や雪です．今度雨が降ってきたら，「大きくなって上昇気流で支えきれなくなって雲から降ってきたのだな」と思ってください．

雲には雨が降る雲と降らない雲があります．第 2 章で出てきた積乱雲は雨が降る雲です．積乱雲からはただの雨ではなく「激しい雨」が降ります．積乱雲は強い上昇気流により鉛直方向に著しく発達した分厚い雲です（図 2-4 参照）．図 4-2 に示した，刷毛ではいたような薄い雲は「巻雲」です．皆さんも空を見上げるとよく目にする雲だと思います．巻雲からは雨は降りません．なぜ積乱雲からは雨が降って，巻雲から降らないのでしょうか？　答えは，積乱雲は厚い雲だから雨が降るのです．厚い雲は水滴や氷の粒がぎゅっと詰まった密度が高い雲です．密度の高い雲では上昇気流などの風によって水滴や氷の粒がぶつかりやすくなります．一方，巻雲のような薄い雲は雲の密度が低いため水滴や氷の粒がぶつかりにくいので，水滴や氷の粒が大きくなりにくく雨が降らないのです．

空気中を落ちてくる雨粒の形を「しずく型」だと思っている人が多いのですが，しずく型の雨粒は空気中には存在しません．雨粒は「おまんじゅ

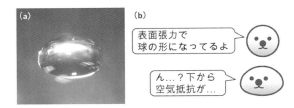

図4-3 空気中を落下する雨粒の形
(a) 空気中を落下する水滴の写真. (b) 空気中を落下する雨粒が空気抵抗により「おまんじゅう」の形になる説明の模式図. 荒木健太郎著「雲の中では何が起こっているのか」より.

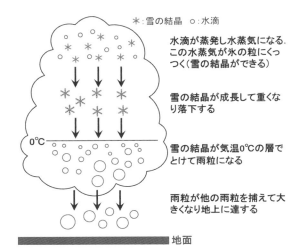

図4-4 冷たい雨が降る仕組み
空気中を落ちてくる直径が1mmよりも大きい雨粒はおまんじゅう型だが, この図では全て球で表している. 白木正規著「新百万人の天気教室」をもとに作成.

うの形」で降ってきます（図4-3（a））. 空気中を落ちてくる雨粒がおまんじゅうの形である理由は, 表面張力と空気抵抗です.

水滴には表面積を小さくしようとする力である表面張力が働きます. 体積が同じ立体の中で表面積が一番小さいのは「球」なので, 水滴は球の形になりたいのです. しかし, 空気中を落下する時に下から空気抵抗を受けます（図4-3（b））. このため, おまんじゅうの形になるのです. 皆さんすでにお気付きかと思うのですが, 口絵1の右上にある私の似顔絵の2つ目の間違いは「雲から降ってくる雨粒の形がしずく型であること」です. ちなみに, 直径が1mm以下の雨粒は空気抵抗が小さいので, 球の形で落ちてきます.

2. 意外と知らない「雨」と「雪」の豆知識
1) 雨か雪かは何で決まる？

雨の降り方には2種類あります. 水滴と氷の粒が混ざっている雲もしくは氷の粒のみの雲から雨や雪が降るのが「**冷たい雨**」です. これに対して, 水滴のみでできた雲から降る雨は「**暖かい雨**」と呼ばれます. 日本の雨はほとんどが冷たい雨のしくみで降ります. 冷たい雨が降る仕組みを図4-4に示しました. 雲に水滴と氷の粒が存在する場合, 上空では水滴が蒸発し水蒸気になります. この水蒸気が氷の粒にくっつき, 雪の結晶ができます. さらに水蒸気がくっつき, 雪の結晶はどんどん大きくなります. そして, 雪の結晶が上昇気流に打ち勝つほど重くなると落下します. この時点ではまだ「雪」です. 落下した雪は気温0°Cの層でとけて雨粒となります. 雨粒は他の雨粒を捕えて大きくなり地上に達します. 冷たい雨がとけずに地上に達した場合は雪が降るわけです. ということで, 私たちが日々目にする雨のほとんどは上空では雪だったのです.

2) 雪の結晶の形

雪の結晶は大きさと形が様々で1つとして同じものはないと言われるほど多様です. 図4-5の右に雪の結晶の写真を示しました. 上が扇付角板, 下が樹枝六花です. 様々な形をしている雪の結晶に共通するのは「六角形であること」です. 図4-5左のグラフにあるように, 雪の結晶の形は気温（横軸）や湿度（つまり空気中の水蒸気量;縦軸）によって決まります. グラフの上の方に角板・角柱とありますが, 気温によって横に広がった平らな六角形である「角板」になるか, 縦に延びた細長い六角形である「角柱」になるのかが決まります. そして, 水蒸気の量が多いと「樹枝状」のような複雑な形になります.

雪の結晶は, ばらばらに降る場合と雪の結晶同士がくっついた「**雪片**」として降ってくる場合が

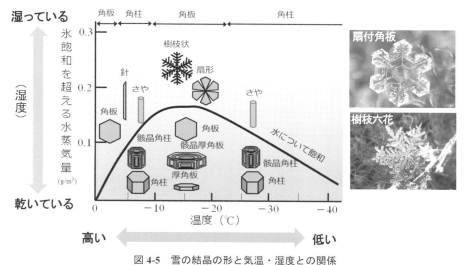

図 4-5 雪の結晶の形と気温・湿度との関係
左：雪の結晶の形と気温・湿度（空気中の水蒸気の量）との関係を示したグラフ．荒木健太郎著「世界でいちばん素敵な雲の教室」を一部改変．
右：雪の結晶の写真；上から扇付角板・樹枝六花．雪の結晶の写真は「#関東雪結晶 プロジェクト」のホームページより（https://www.mri-jma.go.jp/Dep/typ/araki/snowcrystals.html）．

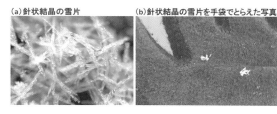

図 4-6 雪片の写真
(a) 針状結晶の雪片の写真．「#関東雪結晶 プロジェクト」のホームページより（https://www.mri-jma.go.jp/Dep/typ/araki/snowcrystals.html）．
(b) 2019年2月11日に南岸低気圧（第7章参照）により関東に雪がもたらされた時に見られた針状結晶の雪片．筆者撮影．

あります（図 4-6）．雪片は 1 つの種類の雪の結晶が複数くっつくこともあれば，色々な種類の雪の結晶がくっついて雪片となることもあります．図 4-6（b）は 2019 年 2 月 11 日に南岸低気圧（第 7 章参照）により関東で降った雪を私が手袋でとらえた写真です．図 4-5 に示したグラフの左の方に「針」と書いてある雪の結晶（針状結晶）は，気温が高くて湿度が高い場合にできます．私が手袋でとらえた雪片は針状結晶の雪片でした．東京で雪が降る場合は雪が降る環境にしては気温が高めなので，針状結晶が見られるのだなと撮影しながら思いました．

3．積乱雲はどうやってできる？
1）大気の状態が不安定とは？

大気の状態が不安定とは，上空に冷たい空気があり地上には暖かい空気がある状態を言います（図 4-7）．冷たい空気は重く，暖かい空気は軽いです．暖かい空気の上に冷たい空気が乗っているのは，軽いものの上に重たいものが乗っている状態なのでとても不安定です．不安定なので，暖かい空気は上へと昇り冷たい空気は下へと降りようとする「対流」が起きやすくなります．大気の状態が不安定だと，積乱雲が発生します．

冷たい空気は重くて暖かい空気が軽いというの

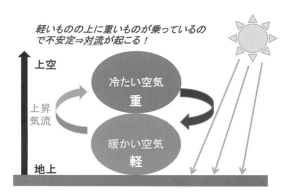

図 4-7 大気の状態が不安定を示した模式図
「対流」とは空気の塊が鉛直方向に移動する現象．

図 4-8　お味噌汁に見る対流
提供：JAXA（一部改変）．

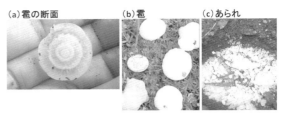

図 4-9　雹（ひょう）とあられの写真
(a) 雹の断面．荒木健太郎著「空のふしぎがすべてわかる！すごすぎる天気の図鑑」より．
(b) 雹の写真と (c) あられの写真．米国海洋大気庁の国立シビアストーム研究所のホームページより（一部改変）．

を日常生活で皆さんは経験しています．冬の寒い日にエアコンを入れると，頭が熱くて足元は寒いということはありませんか？　これは，エアコンの暖かい空気は軽いため上に行ってしまい，冷たい空気は重くて下に降りるからなのです．冬にエアコンをつけている時に天井に向けて手を伸ばすと，上の方の空気が暖かいのを感じることができると思います．

実は身近なところで対流を見ることができます．それは，お味噌汁です．お椀の中で底の熱いお味噌汁が上に浮かんできた部分と，表面で冷やされたお味噌汁が底に沈む部分が模様となって見えます（図 4-8）．出来立てのお味噌汁には，底の熱いお味噌汁が上に，表面の冷たいお味噌汁が底に沈む「対流」が発生しているのです．

2) 夏に発生する夕立のメカニズム

上昇気流が発生する原因の 1 つが「強い日射で地面が加熱される」でしたよね？　夏に強い日射で地面が熱せられると，地面付近の空気が暖められます．午後になり地面付近の空気がとても暖かくなると，対流が起き積乱雲が発生するのです．積乱雲は大雨・突風・雷・雹などを伴うことがありとても危険です．地上と上空の気温差が大きければ大きいほど大気の状態は不安定となり，発達した積乱雲が発生します．

地上と上空の気温差が生じる時は，地上の気温が高くなる場合と上空に強い寒気が入って上空の気温が低くなる場合がありますが，最強なのは上空の寒気により上空で気温が低くなり，地上付近で気温が高くなる場合です．もう一度，図 4-7 を見てください．夏の強い日射で地面が熱せられ，地上付近の気温が高くなります．さらに上空に強

い寒気が入ると大気の状態が不安定となって対流が起こり，発達した積乱雲が発生するのです．冬の寒気に比べると気温は高いですが，夏にも上空に寒気が入ります．

3) 雹はどうやってできる？

積乱雲からは雹やあられが降ってくることがあります．雹とあられはどちらも氷の塊で，違いは大きさです．直径が 5 mm 以上のものが雹で，5 mm 未満はあられです（図 4-9 (b)・(c)）．雹やあられを真っ二つに割ると，木の年輪のような構造になっています（図 4-9 (a)）．なぜ，このような構造になっているのでしょうか？

雹ができる仕組みは，冷たい雨が降る仕組みとは異なります．積乱雲には強い上昇気流があります．そして，冷たい雨のしくみのところでお話ししたように，日本ではほとんどの雲で水滴と氷の粒の両方が存在します．これらの点を踏まえて図 4-10 を見てください．① 氷の粒のまわりに細かい水滴がくっつき凍ります．② 氷の粒が落下し気温 0℃ 以下のところに達すると表面がとけて水の膜が形成されるのですが，③ 強い上昇気流により吹き上げられるため表面が凍ります．そしてまた氷の粒のまわりに水滴がくっつき凍ります．①〜③の過程を何度も繰り返すことで氷の粒が大きくなり，上昇気流に打ち勝って地上に降って来たものが雹やあられです．氷の粒に水滴がくっついて凍るという過程を何回も繰り返すため，雹

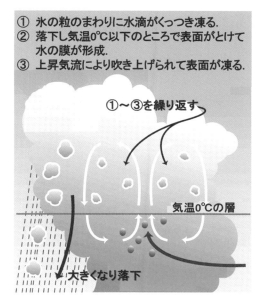

図 4-10 雹とあられのでき方の模式図
米国海洋大気庁 SciJinks のホームページより（一部改変）.

やあられは木の年輪のような構造になるのです.
雹やあられは硬い氷の塊で当たると危険なので,
降っている間は外に出ないようにしてください
ね.

第5章 大規模な大気の運動

地球をめぐる大気の流れと高気圧・低気圧

　似顔絵では低気圧（正式名称は「温帯低気圧」）が近づいて，私が「うーん，頭が痛い」と言っています．低気圧が近づくと頭痛などの体調不良を感じる人は多いです．これは「気象病」と呼ばれます．低気圧がやってくると天気が悪くなるので嫌だなと思うかもしれないのですが，低気圧は地球にとって重要な役割を担っています．温帯低気圧が果たす役割についてこの章で皆さんに理解してもらいたいと思っています！

1．大気大循環

1）地球の熱は大気大循環により南北方向に運ばれている！

　地表面で受け取る日射量は赤道で多いため，赤道の気温は高いです（第3章参照）．**大気大循環**という地球規模の大気の流れによって，赤道の熱は気温が低い極に向かって輸送されています．現在の赤道と極の気温差は約40℃ですが，大気大循環がなく赤道と極で受け取る日射量の違いだけで考えると，その差はなんと約100℃にもなるのです（地球には海による熱輸送もある）．

　図5-1は大気大循環の模式図です．図の矢印が風を示します．私たちが普段感じている風は大気大循環の一部です．大気大循環は1つの循環ではなく，北半球と南半球にそれぞれ3つの循環が存在します．北半球・南半球ともに低緯度に**ハドレー循環**，中緯度に**フェレル循環**，そして高緯度に**極循環**があります．

2）赤道から緯度30度まで熱を運ぶ「ハドレー循環」

　ハドレー循環は**熱帯収束帯**で上昇し**亜熱帯高圧帯**で下降する循環で，赤道の熱を緯度30度まで運びます（図5-1）．赤道付近に見られる熱帯収束帯では，午後から夕方に**スコール**と呼ばれる強風を伴う激しい雨に毎日見舞われます．なぜ，毎日決まった時間にスコールが降るのでしょうか？赤道付近では日が昇ると地面が強い日射で暖められるため，地面付近の空気が暖められます．そして，大気の状態が不安定になり午後から夕方に上昇気流が発生し激しい雨が降るのです．赤道付近は年中高温で日本のような季節変化はなく，毎日ほぼ同じ時間にスコールが降ります．赤道付近では第4章でお話しした日本の夕立のような現象が一年中見られるのです．

　熱帯収束帯で上昇した空気は，緯度20〜30度付近で下降気流となります（図5-1）．亜熱帯高圧帯では下降気流により空気が地上にたくさん降りてくるため，気圧が高い「高圧帯」となります．亜熱帯高圧帯の低緯度側には**貿易風**が，高緯度側には**偏西風**という風が吹きます（偏西風の話は

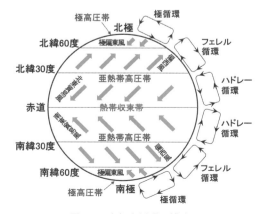

図5-1　大気大循環の模式図
矢印が大気の流れを示す．

後で).貿易風は北半球では北東貿易風（つまり北東風），南半球では南東貿易風（つまり南東風）です．貿易風が北半球では北東風で南半球では南東風である理由は，第2章で学んだコリオリ力です．ある場所に空気が集まる現象を「**収束**」と言います．北東貿易風と南東貿易風が赤道付近で収束するので「**熱帯収束帯**」です．

3）海がなければハワイは砂漠!?
　亜熱帯高圧帯では，赤道付近でスコールを降らせてカラカラに乾いた空気が降りてきます．下降気流があるところは雲ができず天気が良いです（第2章参照）．水蒸気を失った乾いた空気が下降する緯度20～30度付近の亜熱帯高圧帯は晴れて乾燥するため，砂漠が形成されます（「亜熱帯高圧帯に位置する」以外にも砂漠を形成する要因はある）．図5-2は世界の砂漠の分布を示しています．北緯20～30度付近に世界最大の砂漠であるサハラ砂漠があります．実は，サハラ砂漠と同じ緯度に位置するハワイは海に囲まれていなければ砂漠です．ハワイは海から水蒸気が入ってくるため砂漠ではないのです．第3章で「気候は基本的に緯度によって決まる」という話をしましたが，「海に囲まれている」というのも気候を決める要因の1つです．

4）極の冷たい空気を運ぶ「極循環」
　極循環とは，極付近で冷たくて重たい空気が下降して緯度60～70度付近まで到達する間に暖められ上昇し，極に戻る循環です（図5-1）．極循環は極地方の冷たい空気を緯度60度付近まで運びます．ハドレー循環のように赤道付近の熱を高緯度側に運ぶだけではなく，極の冷たい空気を低緯度側に向かって運ぶことで，南北の気温差を小さくするのが「大気大循環」の役割です．極付近で冷たい空気が下降するので，地上付近に空気がたくさんあるイコール気圧が高くなるので，**極高圧帯**が形成されます．

2．温帯低気圧とはいったい何者なのか？
1）温帯低気圧が果たす役割
　フェレル循環はハドレー循環が運んできた暖かい空気を高緯度側に，極循環が運んできた冷たい空気を高緯度側に運ぶという熱交換を行います（図5-1）．フェレル循環で熱交換を担っているのは**温帯低気圧**です．私たちが住んでいる日本はフェレル循環の地域です．天気が悪くなったり気象病（後述）を引き起こしたりとあまりうれしくないと感じる温帯低気圧ですが，温帯低気圧はとても重要な役割を担っています．そう考えると，ちょっと温帯低気圧がいやではなくなるかと思います．では，ここから温帯低気圧の特徴について見ていきましょう！

2）温帯低気圧の特徴
　「低気圧」は周囲よりも気圧が低いところです．皆さんが天気予報で目にする低気圧の正式名称は**温帯低気圧**ですが，ふつうは単に「低気圧」と呼

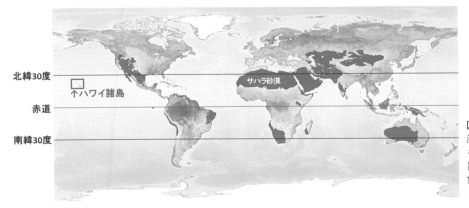

図5-2　世界の砂漠の分布
濃いグレーの領域が砂漠を示す．ハワイ諸島の位置を四角で囲っている．NASAのホームページより（一部改変）．

図 5-3 地上天気図に見られる温帯低気圧と温帯低気圧の模式図
(a) 地上天気図に見られる温帯低気圧. 2023年11月13日21時の地上天気図 (気象庁のホームページより). 天気図の「低」は温帯低気圧を, 「高」は高気圧を示す. 黒い線は等圧線 (等圧線は 4 hPa ごとに描かれており, 20 hPa ごとに太い線で示されている). 低気圧前面の半円と線で示されているのが温暖前線で, 低気圧後面の線と三角で示されているのが寒冷前線.
(b) 温帯低気圧の模式図 (北半球).

びます. 図 5-3 (a) の地上天気図で「低」が温帯低気圧, 「高」が高気圧を示します. 温帯低気圧以外にも低気圧は存在します. 台風は**熱帯低気圧**と呼ばれる低気圧です. 温帯低気圧も台風も, **低気圧は全て北半球では反時計回りに回転します**(低気圧は南半球では時計回りに回転する). 北半球と南半球で低気圧の回転が逆になる理由はコリオリ力です. 同じ低気圧でも台風と温帯低気圧の特徴は大きく違います. この話は第6章にしますね.

北半球では低気圧の風は反時計回りに中心に向かって吹き込みます (図 2-10). これは台風も同じです. 低気圧の中心に向かって吹き込んだ風は収束します. 集まった空気は地面の下には行けないので, 上昇するわけです. 上昇気流が発生すると雲ができるため, 温帯低気圧が近づくと天気が悪くなります.

図 5-3 (b) は温帯低気圧 (北半球) の模式図です. 先ほどお話ししたように, 温帯低気圧はハドレー循環が運んできた暖かい空気を高緯度側に, 極循環が運んできた冷たい空気を低緯度側に輸送します. 北半球では温帯低気圧は反時計回りに回転するので, 北の冷たい空気を南に, 南の暖かい空気を北に運ぶという熱交換を行います. 低気圧の前面には温暖前線が, 後面には寒冷前線があります (図 5-3 (a) と (b); 前線については後述). 天気予報で「明日は低気圧が通過するため雨となるでしょう」と聞くことがありますよね? 温帯低気圧は動きます. 温帯低気圧はどの方向からどの方向に動くのかわかりますか?

3) 飛行時間が行きと帰りで違う理由は「ジェット気流」

偏西風は, 中緯度の上空を吹く風です. 中緯度に位置する日本付近の上空では西から東に向かって吹く風である偏西風が常に吹いています. 日本では偏西風に乗って温帯低気圧や高気圧が西から東に移動するため, たいてい天気は西から東に変化します (図 5-4 (a)). 図 5-4 (b) と (c) の地上天気図を見てください. 2024 年 3 月 6 日午前 9 時に日本付近に位置していた温帯低気圧は 24 時間後の 3 月 7 日午前 9 時に東に移動していますよね? 偏西風に乗って温帯低気圧は東に移動したのです.

偏西風の中でも上空約 10 km を吹く強い風がジェット気流です. 飛行機は上空 10 km 付近を飛んでいます (第2章参照). 例えば, 日本からロサンゼルスに行く場合は西から東への移動なので, 飛行機はジェット気流に乗って飛びます. ロサンゼルスから帰ってくる時は東から西への移動なので, 飛行機はジェット気流に逆らって飛ぶわけです. ジェット気流に逆らって飛ぶため, 帰りの方が飛行時間は長くなるのです.

4) 天気の変化で体調が悪くなる「気象病」とは?

天気が崩れると頭痛・腰痛が強まるなどの体調不良を感じることがあります. これは「**気象病**」と呼ばれます. 気象病の患者数は全国で 1,000 万

第 5 章 大規模な大気の運動　37

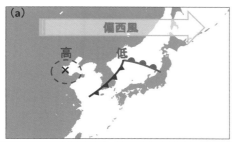

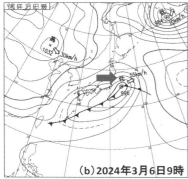
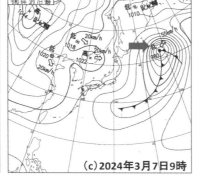

図 5-4　偏西風に乗って温帯低気圧や高気圧が西から東に移動する様子を示した模式図と実際の地上天気図
(a) 偏西風に乗って低気圧・高気圧が西から東に移動する様子を示した模式図．
(b) は 2024 年 3 月 6 日 9 時，(c) は 2024 年 3 月 7 日 9 時の地上天気図．地上天気図に矢印で示した低気圧が 3 月 6 日から 7 日にかけて西から東に進む様子がわかる．地上天気図は気象庁のホームページより（一部改変）．

人以上と推定されています．体調不良は気圧変化による自律神経の乱れで起こるのですが，気圧変化を感知するセンサーは耳内部の内耳にあると考えられています．内耳のセンサーが敏感だと，小さな気圧変化を感じ取り自律神経が乱れます．これにより，頭痛などの体調不良が起こるのです（佐藤 2021）．症状を和らげるには耳の血行を良くする必要があるので，耳をくるくるとマッサージしたり耳を温めるなどが良いそうです．また，症状がつらい場合は気象病専門の外来を受診するという手もあります．

3．前線とは？
1）前線には種類がある

　暖かい空気の塊と冷たい空気の塊が出会うと，温度が異なる空気の塊は接してもすぐには混じり合わず境界面ができます．この時，冷たい空気は重いので下になります（図 5-5 (a)）．暖かい空気と冷たい空気の境界面が「前線面」で，前線面が地上に接するところが「前線」です．前線付近では，暖かい空気の塊が上昇します．図 5-5 (b) に天気図における前線の記号を種類ごとに示しました．ここから，4 つの前線について説明していきます．

2）空気の押す力で決まる前線の種類

　温帯低気圧の発達期には**温暖前線**と**寒冷前線**が見られます（図 5-3）．温暖前線と寒冷前線では，暖かい空気と冷たい空気の押す力の強さが違います！　わかりやすいように空気をお相撲さんに例えてみましょう（図 5-6）．「暖かい空気関」と「冷たい空気関」で相撲を取ります．温暖前線では冷たい空気関よりも暖かい空気関の押す力が強く，寒冷前線では逆に暖かい空気関よりも冷たい空気関の方が押す力が強いのです．

図 5-5　前線の模式図と天気図で使われる前線の記号
(a) 前線の模式図．気象庁のホームページより（一部改変）．
(b) 天気図で使われる前線の記号

図 5-6 温暖前線と寒冷前線における冷たい空気と暖かい空気の押す力の違いを示した模式図
(a) 温暖前線, (b) 寒冷前線.

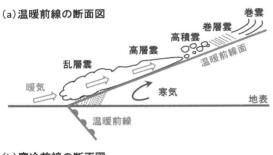

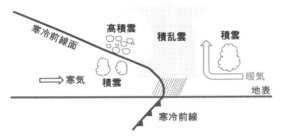

図 5-7 温暖前線と寒冷前線の断面図
(a) 温暖前線の断面図, (b) 寒冷前線の断面図.
裏表紙のカラー図も参照.

図 5-7 (a) は温暖前線の断面図です（裏表紙も参照）. 温暖前線では押す力が強い暖かい空気（暖気）が冷たい空気（寒気）の上を穏やかにはい上がり, 雲ができます. 温暖前線では基本的にはしとしとと長く降る雨が見られますが, 強い雨になることもあります. 温暖前線が近づくとだんだんと雲が厚くなっていき, やがて雨が降ります. 温暖前線が近づくと, まず刷毛ではいたような薄い雲の巻雲が見られます（図 4-2）. 前線が近づくにつれて巻層雲・高積雲・高層雲とだんだんと雲が

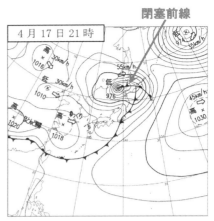

図 5-8 地上天気図に見られる閉塞前線
2016 年 4 月 17 日 21 時の地上天気図. 横浜地方気象台より.「×」印は低気圧および高気圧の中心位置を示す.

厚くなっていき, 最後に乱層雲から雨が降ります.

寒冷前線では押す力が強い寒気が暖気の下へもぐり込み, 暖気が激しく押し上げられ積乱雲が発生します（図 5-7 (b): 裏表紙も参照）. 寒冷前線では短時間の強い雨や雷・突風が発生することがあるため, 寒冷前線が自分の住んでいる地域を通過する時には注意が必要です.

閉塞前線が現れると温帯低気圧は最盛期を迎え, その後衰退していきます. 図 5-8 で日本を通過中の低気圧の中心付近に閉塞前線が見られます（閉塞前線の記号は図 5-5 参照）. この低気圧はちょうど最盛期を過ぎたところです. 低気圧周辺では等圧線の間隔が狭いですよね？ 等圧線の間隔が狭いところは気圧傾度力が大きく風が強いです（第 2 章参照）. この低気圧の影響により, この日は全国的に風が強く交通障害などが発生しました.

停滞前線は, 暖気と寒気の押す力が同じ時にできる前線です（図 5-9）. 春から夏の移行期に日本付近に出現する梅雨前線は停滞前線です. 梅雨前線が現れると長い期間ぐずついた天気が続きます. 梅雨前線は季節が進むとともに北上していきますが, 暖気と寒気の押す力が同じなのでほとんど動きません. なかなか決着がつかない相撲の試合のような状態です.

第5章 大規模な大気の運動　39

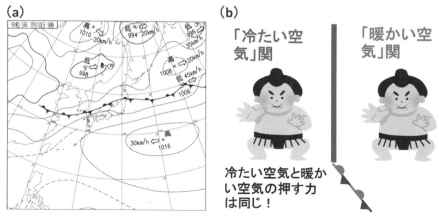

図 5-9　停滞前線の特徴
(a) 2023 年 7 月 10 日 9 時の地上天気図．気象庁のホームページより．
(b) 停滞前線における冷たい空気と暖かい空気の押す力を示した模式図．

4．高気圧
1) 高気圧とは？

　高気圧は周囲よりも気圧が高いところです．すでにお話ししたように，北半球では低気圧の風は反時計回りに中心に向かって吹き込み，吹き込んだ風は収束して上昇気流が発生します．これに対して，高気圧は北半球では時計回りに風が吹き出します（南半球では高気圧は反時計回りに風が吹き出す）．高気圧には下降気流があるので，雲ができず天気が良いです（図 2-10）．低気圧には大規模に空気が集まる現象である「収束」があるのに対して，高気圧にはある場所から周辺に向かって風が吹き出す現象である**発散**があります．

2) 高気圧にも種類がある

　「高気圧は暖かいのですか？」という質問を学生からもらうことがあるのですが，暖かい高気圧と冷たい高気圧があります．図 5-10（a）で日本付近に「高」とある高気圧が日本の夏に暑さをもたらす**太平洋高気圧**です．皆さんが夏に「暑い！」と思う時，日本は太平洋高気圧に覆われています．図 5-10（b）で日本の西に位置する高気圧が**シベリア高気圧**です．シベリア高気圧は冬の日本に寒冷な空気をもたらします．第 7 章でこの 2 つの高気圧についてお話ししたいと思います！

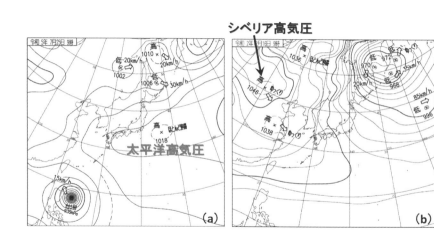

図 5-10　高気圧の例
(a) 2023 年 7 月 25 日午前 9 時の地上天気図．
(b) 2020 年 12 月 16 日 9 時の地上天気図．気象庁のホームページより．

第6章 中小規模の気象現象

台風・集中豪雨・竜巻

似顔絵では，突風で私が飛ばされそうになっています．積乱雲に伴い第4章でお話しした雹だけではなく，雷や突風が発生することがあります．この章では積乱雲に伴う激しい現象について学ぶとともに，実際に遭遇した際にどうやって身を守るのかについてもお話ししたいと思います！

1. 中小規模の気象現象とは？

温帯低気圧や高気圧は**大規模な現象**と呼ばれ，水平スケールつまり大きさは 3～5 千 km 程度です．これに対して，台風・集中豪雨・雷・竜巻やダウンバーストなどの現象は**中小規模現象**と呼ばれ，その名の通り温帯低気圧よりも小さいです．台風の大きさは強い風が吹く範囲で決まります．風速が 15 m/s 以上という強い風の領域である強風域の半径が 800 km 以上だと「超大型」に分類されます．超大型でも温帯低気圧よりかなり小さいです．図 6-1 の雲画像からも温帯低気圧と比べて台風は小さいということがわかると思います．

第5章でもお話ししたように，台風も温帯低気圧も同じ低気圧で北半球では反時計回りに回転しますが，雲の形は全く違いますよね？　なぜで

 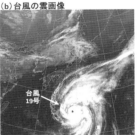

図 6-1　温帯低気圧と台風の雲画像
(a) 温帯低気圧の雲画像（2016 年 4 月 17 日 12 時），
(b) 2019 年台風 19 号の雲画像（2019 年 10 月 10 日 21 時）．気象庁のホームページより．

しょうか？　温帯低気圧と台風は，発生する場所が異なるため構造が違うのです．

2. 台風と温帯低気圧を比較してみよう！

1) 台風と温帯低気圧は発生場所と経路が違う

温帯低気圧は緯度 30～50 度の「温帯」で発生し，日本にやってきます（図 6-2（a））．これに対して，台風は熱帯で発生する熱帯低気圧です．熱帯とは，赤道を挟んで北緯 23.4 度の北回帰線から南緯 23.4 度の南回帰線の範囲を言います（図 6-3 参照）．図 6-2（b）は月ごとの主な台風経路

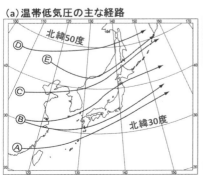 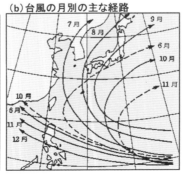

図 6-2　温帯低気圧と台風の主な経路
(a) 温帯低気圧の主な経路．安斎政雄著『新・天気予報の手引き（新改訂版）』より（一部改変）．
(b) 台風の月別の主な経路．実線は主な経路を破線はそれに準ずる経路を示す．気象庁のホームページより．

です．台風は主に夏から秋にかけて日本にやってきます．

温帯低気圧の経路も季節によって変化します．図6-2（a）に示したAの経路は寒い時期に多く，第7章でお話しする関東に雪をもたらす「南岸低気圧」もこの経路です．春や秋にはBとCの経路が目立ちます．Cの経路は春に日本海で発達する「春の嵐」です（第7章参照）．DとEの経路は北日本の天気に影響を与えます．温帯低気圧の経路に季節変化があるのはなぜだと思いますか？温帯低気圧は冷たい空気と暖かい空気の境目にできます（図5-3（b）参照）．冬になると北から冷たい空気が南の方まで南下するので，温帯低気圧は春や秋に見られるBやCよりも南の方を通るAの経路を取るのです．

2）台風・ハリケーン・サイクロンの違い

台風は熱帯で発生する熱帯低気圧だとお話ししました．熱帯低気圧が発達して最大風速が約17m/s以上になると「台風」と呼ばれるようになります．熱帯低気圧は**海面水温**が高い26～27℃以上の熱帯の海で発生します．海面水温とは海の表面の水の温度のことです．熱帯低気圧の発生域は緯度5～20度くらいで赤道では発生しません．台風は暖かい海から供給される水蒸気をエネルギー源とする低気圧なので，台風は海面水温が低い領域や陸地に到達すると急速に衰えます．逆に，海面水温が高い領域を通過すると台風は発達します．

実は，台風・ハリケーン・サイクロンは全て熱帯低気圧です．人間が勝手に地域に応じて呼び名を変えているだけなのです．図6-3では，海面水温が高い26℃以上の領域をグレーで示しています．日射をたくさん受け海面水温が高い熱帯で熱帯低気圧は発生します．図6-3の下に示した台風・ハリケーン・サイクロンの定義を見てください．最大風速の基準に違いはありますが，それぞれの地域に存在する熱帯低気圧がある一定以上の風速になると台風・ハリケーン・サイクロンと呼ばれるようになります．このため，例えば「ハリケーン」と呼ばれる熱帯低気圧が日付変更線を超えて西に移動すると「台風」と呼ばれるようになります．ハリケーンから台風に呼び名が変わってもこの熱帯低気圧には何の変化もありません．

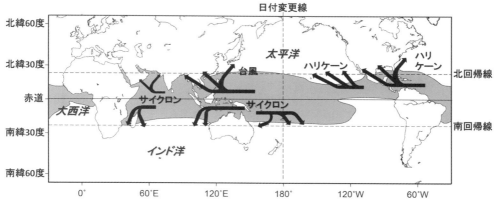

図6-3　台風・ハリケーン・サイクロンの違いを示した図
海面水温が26℃以上の領域をグレーで示している（値は1981～2010年平均値）．海面水温のデータはERSST v4 (Huang et al. 2015) を使用．矢印は台風・ハリケーン・サイクロンの主な経路を示す．北回帰線と南回帰線をそれぞれ破線で示している．赤道を挟んだ北回帰線（北緯23.4度）と南回帰線（南緯23.4度）の範囲が熱帯．帝国書院編集部編「新詳地理資料COMPLETE 2024」をもとに作成した．

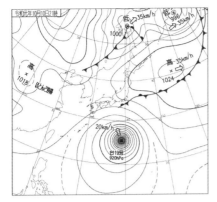

図 6-4　2019 年 10 月 10 日 21 時の地上天気図
「低」が温帯低気圧を示す．日本の南にある「台 19 号」が台風 19 号．気象庁のホームページより．

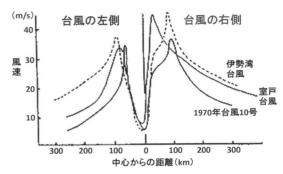

図 6-5　台風の風速分布
日本に大きな被害をもたらした 3 つの台風（伊勢湾台風・室戸台風・1970 年台風 10 号）のそれぞれの風速分布を示している．縦軸は風速（単位は m/s）を，横軸は台風からの距離（km）を示している．横軸の 0 が台風の中心．気象庁のホームページより（一部改変）．

3）台風と温帯低気圧の構造の違い

　第 5 章でもお話ししたように，温帯低気圧と台風はともに北半球では反時計周りに中心に向かって風が吹き込んでいるという共通点がありますが，発生場所が異なるため構造が違います．温帯で発生する温帯低気圧は渦を巻きながら北半球では南の暖かい空気を北に，北の冷たい空気を南に運びます．そして，暖かい空気と冷たい空気の境に前線があります（図 5-3）．一方，台風は熱帯の海で発生するため，暖かく湿った空気が渦を巻いており前線はありません．図 6-4 は図 6-1（b）の雲画像と同じ時刻の地上天気図で，「台 19 号」が台風 19 号を示します．温帯低気圧には前線がありますが，台風には前線がないことがわかると思います．

4）台風の右側は風が強い！

　図 6-5 は日本に大きな被害をもたらした 3 つの台風の風速を示したグラフです．線が上に行くほど風が強いことを示します．横軸の「0」が台風の中心で，グラフの右が台風の右側，左が台風の左側です．台風の右側の方が左側よりも風が強いのがわかりますよね？　これはなぜでしょうか？　図 6-6 を見てください．細い矢印で示しているように，台風は反時計回りに回転します．太い矢印は台風を動かす風です．台風の右側では，台風自

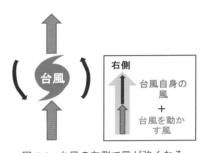

図 6-6　台風の右側で風が強くなるメカニズムを示した模式図
細い矢印が台風自身の風を，太い矢印が台風を動かす風を示す．

身の風に台風を動かす風がプラスされるため風が強くなるのです．逆に，左側は台風自身の風と台風を流す風の向きが逆なので，右側よりも風は弱くなります．このため，自分の住む地域が台風の右側に入る際は注意が必要です．ちなみに，左側が弱いと言っても台風の風はとても強いです．左側の方が右側より風が弱いだけであって，台風の左側は風が弱いから安心というわけでは全くありません．

　令和元年（2019 年）台風 15 号の影響により千葉県では猛烈な風が吹き，住宅被害や大規模停電が発生しました．図 6-7 に台風 15 号の経路を示しました．細い線が台風の中心位置の変化（つまり台風の経路）を示します．台風 15 号は 9 月 9 日の午前 5 時前に千葉市付近に上陸しました（図 6-7 の太線で囲った部分）．上陸した頃の午前 4 時

第6章　中小規模の気象現象　　43

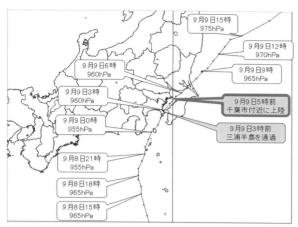

図 6-7　令和元年（2019 年）台風 15 号の経路図
細い線が 2019 年台風 15 号の台風経路（つまり台風の中心位置の変化）を示す．銚子地方気象台のホームページより（一部改変）．

30 分に，千葉市では最大瞬間風速 57.5 m/s を観測しました．瞬間風速が 60 m/s 以上だと住宅で倒壊するものや，鉄筋構造物で変形するものがあります．この風は特急電車の早さです．台風の中心位置を見ると，台風上陸時に房総半島が台風の右側に入っていますよね？　これに対して，東京は台風の左側です．千葉市で最大瞬間風速 57.5 m/s の風が観測された同じ時刻の東京の最大瞬間風速は 21.8 m/s でした．東京の風も十分強いのですが，右側に入った千葉市よりも風が弱いことがわかります．台風の右に入るか左に入るかで風の強さが異なるため，自分が住んでいる地域が台風の右側に入る時は特に強い風に注意が必要なのです！

3．集中豪雨はなぜ起こる？
1）梅雨期の集中豪雨を引き起こす暖湿気流

図 6-8（a）は「令和 2 年 7 月豪雨」が発生していた 2020 年 7 月 4 日午前 9 時の地上天気図です．日本付近に梅雨前線が見られます．九州では 7 月 4 日～ 7 日にかけて記録的な大雨となりました．梅雨前線は停滞前線です．停滞前線は暖気と寒気の押す力が同じ前線ですが，暖気は軽いので寒気の上を穏やかに這い上がります．このため，梅雨の雨はしとしと降ることが多いのですが，南から暖かくて湿った空気（「**暖湿気流**」と言う）がやってきて集中豪雨が発生することがあります．湿っているということは雨のもとである水蒸気をたくさん含んでいますよね？　さらに，暖かい空気は

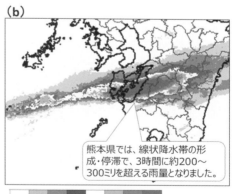

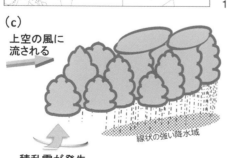

図 6-8　令和 2 年 7 月豪雨に見られた線状降水帯
（a）2020 年 7 月 4 日 9 時の地上天気図．暖湿気流を模式図的に示している．
（b）2020 年 7 月 4 日午前 6 時までの 3 時間雨量．
（c）線状降水帯発生メカニズムの模式図

出典：気象庁のホームページより．(a) と (c) は一部改変．

軽いので上昇します．梅雨の時期の大雨はこの暖湿気流が引き起こすのです！

2）線状降水帯とは？

梅雨前線に暖湿気流がやってくると**線状降水帯**が発生することがあります．線状降水帯とは，「次々に発生した積乱雲が列をなし，数時間にわたってほぼ同じ場所を通過または停滞することで作り出される線状に伸びた強い雨の領域」のことです．図 6-8（c）に線状降水帯の模式図を示しました．まず，ある場所で積乱雲が発生します．この積乱雲は上空の風によって流されます．再び同じ場所で積乱雲が発生して上空の風に流されます．そして，また積乱雲が発生して風に流される…というのを繰り返して積乱雲は線状に並びます．この線状に並んだ積乱雲から雨が降るのです．

1つの積乱雲から雨が降る時間は 30 分〜1 時間程度なので，1つの積乱雲から長時間強い雨が降ることは不可能です．線状降水帯では，積乱雲が消滅しても次々と新しい積乱雲が発生して上空の風により同じ場所に流され雨を降らせます．このため，長時間にわたって同じ場所で強い雨が降り続くのです！　図 6-8（b）は令和 2 年 7 月豪雨発生時の 7 月 4 日の午前 3 時〜6 時の雨の量を示したものです．強い雨の領域が線状に伸びていることがわかります．熊本県の球磨川流域では，線状降水帯に伴う大雨により河川の氾濫や土砂災害などの甚大な人的・物的被害が発生しました．

4．発達した積乱雲に伴う現象

1）雷はなぜギザギザ？

雷の正体は静電気です．積乱雲の中には激しい上昇気流があるため，雲を構成する氷の粒が絶えずこすりあわせられます．これにより，静電気が貯まるのです．雷の静電気は私たちが冬にドアノブを触って「痛い！」と思う静電気よりもだいぶん強く，雷が落ちる時の電気の強さは約 1 億ボルトと家庭用のコンセントである 100 ボルトの 100 万倍です．

電気にはプラスとマイナスがあり，電気はプラスとマイナスの間を流れます．図 6-9 右に示したように，積乱雲の上の方にはプラスの電気，下の方にはマイナスの電気があります．私たちが知っている電気は電線を流れるのですが，雷は空気の中を流れます．雲の下の方にマイナスの電気があると，このマイナスの電気に引き寄せられて地面にプラスの電気が集まります．そして，雲の下の方のマイナスの電気と地面のプラスの電気との間に電気が流れます．これが落雷です．

図 6-9 左は落雷の様子をとらえた写真です．雷

図 6-9　落雷の様子と雷が起こる仕組みを示した模式図
　　　左：落雷の様子．提供：米国海洋大気局の NOAA Photo Library, NOAA Central Library; OAR/ERL/National Severe Storms Laboratory（NSSL）（一部改変）.
　　　右：雷が発生する仕組みを示した模式図．米国海洋大気庁のホームページより（一部改変）.

第 6 章　中小規模の気象現象　　45

図 6-10　雷から身を守る姿勢
日本大気電気学会「雷から命を守るための心得」↓
WILD MIND GO! GO! のサイトをもとに作成；https://gogo.wildmind.jp/feed/howto/215.

てつま先立ちになります（日本大気電気学会より；QR コード参照）．雷は高い所に落ちるという性質があります．「だったら雷から身を守るには腹ばいが良いのではないの？」と思いますよね？ 雲の下の方のマイナスの電気と地面のプラスの電気との間に電気が流れるのが落雷です．落雷時に地面からの電流で感電することがあるので，腹ばいはダメなのです．

はギザギザしていますよね？　なぜでしょうか？ 通常，空気は電気を通さないのですが，雷の電気は非常に強いため空気中を無理やり流れます．電気が流れにくい空気の中で流れやすいところを探しながら進んで行くので，ギザギザになるのです．雷によって熱せられた空気の温度はなんと約 3 万℃です．空気は加熱されて急激に膨らみ，周りの空気をぶるぶると振動させます．この振動がバリバリとかゴロゴロゴロという「雷鳴」です．

　雷から身を守るには，電車・自動車・鉄筋コンクリートの建物に避難してください．建物などに逃げられない場合は，図 6-10 のような姿勢を取ってください．① 両足を揃えて膝を折り，上半身は前かがみ．② 両方の親指で耳の穴をふさぎ，鼓膜が爆風で破れるのを予防します．③ 残りの指で頭をかかえ下げ，両足のかかとを合わせ

2）竜巻とダウンバースト

　ここから，積乱雲に伴って発生する突風についてお話ししていきます．まずは**竜巻**です．竜巻とは，積乱雲に伴う強い上昇気流により発生する激しい渦巻きです．竜巻は漏斗状または柱状の雲を伴います（図 6-11 (a)）．竜巻の被害は帯状に分布するという特徴がありますが，同じ突風である**ダウンバースト**の被害は円形や楕円形など面的に広がります．ダウンバーストは，積乱雲から吹き降ろす下降気流が地表に衝突して四方八方に吹き出す激しい空気の流れです（図 6-11 (b)）．ダウンバーストは雹やあられそして大粒の雨粒が落ちてくる時に，周りの空気を引きずり下ろすことで発生します．QR コードに示したサイトの動画で，竜巻の漏斗状の雲とダウンバーストで空気が吹き降りる様子を見ることができます．

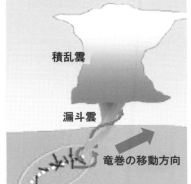

図 6-11　竜巻・ダウンバーストの模式図
(a) 竜巻の模式図
(b) ダウンバーストの模式図．
気象庁のホームページより（一部改変）．

第7章 日本の気候と卓越する気圧配置

冬の日本海側はなぜ雪が多いのか？

東京にたまに雪が降るとうれしいのー。

　似顔絵では，私が雪だるまを作って喜んでいます．東京はたまにしか雪が降らないので，まだ誰も踏んでいない新雪を見つけると思わず踏んでしまいます．この章では，日本の四季に見られる天気の特徴と季節ごとの気圧配置について学んで行きます．春・夏・秋・冬の季節ごとに見られる気圧配置について理解すると，天気予報を見るのが楽しくなると思いますよ！

1．冬季の日本に見られる天候

1）天気予報で良く聞く「西高東低の気圧配置」とは？

　気圧配置とは，「高気圧・低気圧・前線などの位置関係」のことです．図7-1左は2023年1月25日9時の地上天気図です．日本の西に**シベリア高気圧**，日本の東に**アリューシャン低気圧**がありますよね？　日本の西に高気圧で東に低気圧なので，「西に高く東に低い」と書いて「**西高東低**」です．西高東低の気圧配置では**北西の季節風**が吹きます．高気圧は周囲よりも気圧が高いところで，低気圧は周囲よりも気圧が低いところです（第5章参照）．そして，空気は気圧の高い方から低い方に動きます（第2章参照）．西高東低の気圧配置の時，空気は気圧の高いシベリア高気圧から気圧が低いアリューシャン低気圧に向かって動きます．このため，日本付近で「北西の風」が吹くのです．**季節風**とは「季節ごとに吹く代表的な風」のことです．日本付近では，北西の風が冬の間中ほとんど吹いています．「北西の風」は「冬」という季節に吹く代表的な風なので，**北西の季節風**と呼ばれるのです．北西の季節風がシベリア高気圧から日本海を通って吹いているのが，日本海側に雪を降らせるポイントです！

2）西高東低の気圧配置で日本海側に雪が降るメカニズム

　冬に日本海側で雪が降るメカニズムを理解するには，「大気の状態が不安定」が重要です（第4章参照）．北西の季節風の気温は日本海の水温よりも10℃以上も低いです．冷たい北西の季節風

シベリア高気圧　アリューシャン低気圧

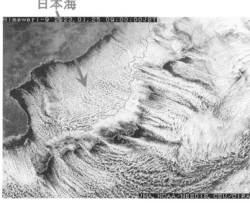
日本海

図7-1　西高東低の気圧配置と雲画像
2023年1月25日9時の（左）地上天気図，（右）気象衛星雲画像．気象庁のホームページより．

が日本海に達すると，北西の季節風の海に近い部分が暖められ水蒸気を供給されます（口絵4上）．北西の季節風は日本海で暖かい空気が下にあり冷たい空気が上にある「大気の状態が不安定」となるため，上昇気流が起こり雪雲である積雲や積乱雲ができます（口絵4下；積雲が発達したものが積乱雲）．この雲が日本の日本海側にやってきて雪を降らせるのです．

西高東低の気圧配置が強いと北西の季節風は強くなり山で雪が多くなります．これは北西の季節風&雪雲が山の斜面に当たるからです（口絵5）．第4章でお話しした上昇気流が発生する理由の1つが「山の斜面に風がぶつかる」でしたよね？日本海で発生した雪雲は北西の季節風とともに日本海にやってきて山の斜面にぶつかります．斜面に当たった空気は強制的に上昇させられるため，雪雲が発達して山を中心に大雪が降るのです．図7-1の地上天気図では，日本付近で等圧線の間隔が狭いです．等圧線の間隔が狭いということは，気圧傾度力が大きく風が強いことを意味します（第2章参照）．強い西高東低の気圧配置の時には，強い北西の季節風が山の斜面に当たり山で雪雲が発達するのです．

3）豪雪地帯で夏よりも冬に雷が多い理由

西高東低の気圧配置の時に必ず日本海に現れるのが「**筋状の雲**」です．西高東低の気圧配置の時の雲画像を見ると（図7-1右），日本海に特徴的な雲が見られますよね？日本海で発生した複数の雪雲が平行に並ぶことで筋状に見えているのです．冬になるとこの筋状の雲が日本海に見られるので，天気予報を見る際に確認してみてください．強い西高東低の気圧配置になると，日本海にびっしりと並んだ雪雲が日本海側の地域に次々と流れ込んで雪をもたらします．

雪をもたらす積乱雲からも雷が発生します．日本で一番雷日数が多いのは日本海側に位置する金沢で，年間約45日です．金沢の雷日数は，雷が多いことで有名な宇都宮の年間26.5日よりもは

るかに多いのです（値は1991～2020年平均値でデータは気象庁より）．宇都宮では7・8月の夏に雷の発生数が多いのですが，豪雪地帯である金沢では夏よりも12月と1～2月の冬に雷の発生数が多いのです！

4）なぜ冬の太平洋側では空気が乾燥するのか？

日本海側ではたくさん雪が降りますが，太平洋側に位置する東京では冬にあまり雪は降らず乾燥しますよね？この理由は日本の地形です．日本列島の中央には背骨のように連なる山脈である「**脊梁山脈**」があります（図7-2）．脊梁山脈とは，奥羽山脈・越後山脈・飛騨山脈などの総称です．この脊梁山脈が太平洋側と日本海側を分けているため，冬の日本海側と太平洋側の天気が異なるのです．もう一度，口絵5を見てください．日本海側で雪を降らせて水蒸気を失った空気は，脊梁山脈を越えて太平洋側に吹き降ります．この吹き降りる風は水蒸気を失った乾いた空気で，「**空っ風**」と呼ばれます．このように，乾いた空気が太平洋側に吹き降りてくるので，太平洋側では冬に乾燥

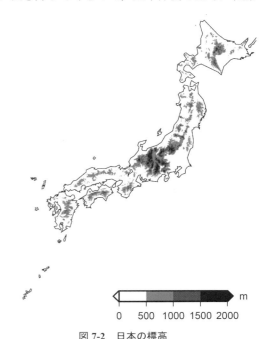

図7-2 日本の標高
日本列島の中央には背骨のように連なる山脈である「脊梁山脈」が存在する．標高データはETOPO1 (Amante and Eakins 2009) を使用．

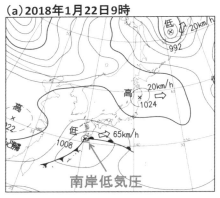
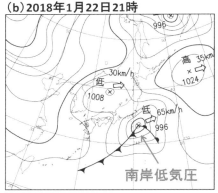

図 7-3 南岸低気圧の例
(a) 2018年1月22日9時と (b) 21時の地上天気図. 気象庁のホームページより (加筆).

するのです.

5) 関東地方に大雪をもたらす南岸低気圧

冬の太平洋側でも雪が降ることがありますよね？冬の太平洋側の雪は「**南岸低気圧**」と呼ばれる低気圧によってもたらされます．図6-2 (a) に示したAの経路は，寒い時期に多い温帯低気圧の経路だとお話ししましたよね？これが南岸低気圧の経路です．南岸低気圧は急速に発達し，日本に近づいて雨や雪を降らせます．

では，2018年の1月下旬に関東の平野部にたくさん雪を降らせた南岸低気圧について見ていきましょう．図7-3 (a) は2018年1月22日の9時の地上天気図で，(b) は12時間後の21時の地上天気図です．9時の地上低気圧に示されている南岸低気圧の「低」の文字の近くに「1008」とあるのがこの低気圧の中心気圧です．9時の中心気圧が1,008 hPaで，12時間後の21時の中心気圧は996 hPaです．低気圧は中心気圧が低くなると発達したことを意味します．この南岸低気圧はこの12時間で発達したのです．2018年1月22日に南岸低気圧は発達しながら本州の南岸を進みました．これにより，22日～23日の明け方にかけて，普段は雪が少ない関東甲信地方や東北地方の太平洋側の平野部で雪が降り広い範囲で大雪となりました．東京都千代田区では雪が23 cmも積もりました．東京で20 cm以上も雪が積もると一大事ですよね？東京を含めた関東の平野部ではいつものなんと2～3倍の雪が積もったのです．この雪

の影響で，関東では高速道路の通行止めや交通機関の乱れるなどの影響が見られました．

実は南岸低気圧による関東の雪予報はとても難しく，予想に反して大雪になったり，逆に大雪が降ると予報されていたのに雨だったということもあります．南岸低気圧が関東に雪を降らせるのか雨を降らせるのかを決める要因は複数あり，低気圧と関東との距離・雲の広がり・地上から上空までの気温と湿度などです．これらの要因を正確に予測する必要があるため，南岸低気圧に伴う雪の予想は難しい場合があるのです．

2. 夏季に日本で見られる天候
1) 梅雨前線は空気のケンカ！

図7-4は2023年の6月9日と7月10日の午前9時の地上天気図です．日本付近に停滞前線である**梅雨前線**が見られます（停滞前線の記号は図5-5 (b) 参照）．6月上旬と7月上旬の梅雨前線の位置を比較すると，7月上旬には梅雨前線が北上していることがわかります．梅雨前線は季節が進むと北上します．春から夏に季節が変わる際に，南の暖かい空気と北の冷たい空気がケンカすることで停滞前線である梅雨前線が現れます．このケンカは1か月以上続きます．季節が進むにつれて，梅雨前線の南にある暖かい夏の空気がだんだんと強くなって梅雨前線が北上していきます．7月末には夏の空気が強くなり，冷たい空気を北へ押しやります．そうすると，梅雨前線は消えて梅雨明けです．梅雨のな

第7章　日本の気候と卓越する気圧配置　49

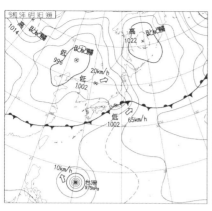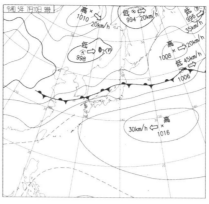

図 7-4　梅雨期の地上天気図の例
（a）2023年6月9日9時と
（b）2023年7月10日9時の地上天気図.
気象庁のホームページより.

い北海道を除くと，だいたい7月末までには梅雨が明けます．停滞性の高い前線が季節進行に伴って極側（つまり日本が位置する北半球だと北側）に移動していく現象は，世界の中で東アジアに見られる梅雨前線だけなのです！　ちなみに，梅雨は中国では「Meiyu（メイユ）」，韓国では「Chagma（チャンマ）」と呼ばれます．この話をすると，「世界で唯一なら梅雨も我慢できる」という学生と「世界で唯一というのは運が悪い」という学生がいます．皆さんはどちらの意見ですか？

2）夏の暑さをもたらす太平洋高気圧

　夏の空気が強くなり梅雨が明けると，今度は太平洋高気圧の出番です！　天気予報で「明日も高気圧に覆われるため，暑くなるでしょう」と聞く高気圧は太平洋高気圧です．図 7-5 に 2017 年 8月3日と8月23日の地上天気図を示しました．

太平洋高気圧に覆われていなかった8月3日の東京の最高気温は 28.9℃ でした．8月23日には日本付近に高気圧を示す「H」があります．これが太平洋高気圧です．太平洋高気圧に覆われたこの日の東京の日最高気温は 33.7℃ でした．このように，太平洋高気圧に覆われるかどうかで日本の夏の気温は全く変わってきます．

3．春季と秋季に日本で見られる天候

1）春と秋の天気はなぜ周期的に変わるのか？

　春と秋には**移動性高気圧**が見られます．春や秋に「お出かけ日和だな」と思う爽やかな晴れをもたらすのはこの移動性高気圧です．移動性高気圧はその名の通り西から東に移動します．第5章（図5-4参照）で温帯低気圧や高気圧は偏西風に乗って日本付近を西から東に通過すると学びましたよね？　図 7-6 左は 2015 年 4 月 2 日 9 時の地上天気図で，日本付近に見られる高気圧が

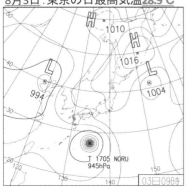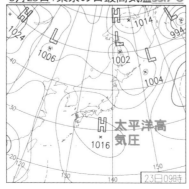

図 7-5　太平洋高気圧に覆われた日と覆われていない日の8月の地上天気図
（左）2017年8月3日9時，
（右）2017年8月23日9時の地上天気図．天気図の「L」が温帯低気圧，「H」が高気圧を示す．
気象庁のホームページに加筆．

移動性高気圧に覆われて広い地域で晴れる（4月2日）

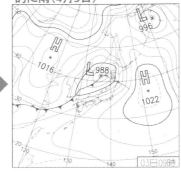
温帯低気圧の影響でほぼ全国的に雨（4月3日）

図 7-6　春の地上天気図の例
（左）2015 年 4 月 2 日 9 時と
（右）2015 年 4 月 3 日 9 時の地上天気図．
「L」が温帯低気圧，「H」が高気圧を示す．
気象庁のホームページより．

移動性高気圧です．移動性高気圧に覆われたこの日，日本では広い範囲で晴れました．翌日の 4 月 3 日 9 時には高気圧は東に移動し，日本は温帯低気圧に覆われています．日本はこの日ほぼ全国的に雨となりました．このように，春と秋には移動性高気圧と温帯低気圧が交互にやってくるため，晴れたり天気が悪くなったりと天気は周期的に変わります．

2）春は広範囲に暴風をもたらす「春の嵐」に注意！

周期的に変化する春の天気ですが，春は温帯低気圧が急速に発達して「**春の嵐**」と呼ばれる台風並みの暴風が発生しやすい季節です．春の嵐の暴風の範囲は台風よりも広く，低気圧の中心から離れたところでも強い風が吹くため被害の範囲が広がりやすいのです．図 7-7 左は春の嵐が発生していた 2012 年 4 月 3 日 21 時の地上天気図で，右は台風が日本に上陸した 2012 年 9 月 30 日 9 時の地上天気図です（台風はこの日の 19 時ごろに上陸）．皆さん，等圧線の間隔が狭いところは風が強いということはご存知ですよね？　台風と比べると，春の嵐では等圧線の間隔が狭い領域が広範囲に見られます．

この春の嵐の経路と中心気圧を見てみましょう（図 7-8）．先ほどお話ししたように，低気圧は中心気圧が低いほど発達したことを示します．この低気圧は日本海を通って日本にやってきました．図 6-2（a）の C の経路は春の嵐をもたらす温帯低気圧の経路だとすでに学びましたよね？　日本海を通り日本に近づくにつれて，低気圧の中心気圧が低くなっていることがわかります．この低気圧は日本海で急速に発達し日本を通過しました．これにより，広い範囲で記録的な暴風となったのです．

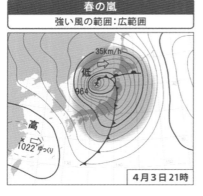
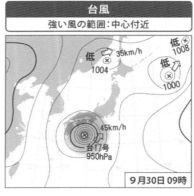

図 7-7　春の嵐と台風の風の吹き方を比較した図
（左）2012 年 4 月 3 日 21 時，
（右）2012 年 9 月 30 日 9 時の地上天気図．
政府広報オンラインのホームページより（https://www.gov-online.go.jp/useful/article/201304/2.html）．

第 7 章　日本の気候と卓越する気圧配置　51

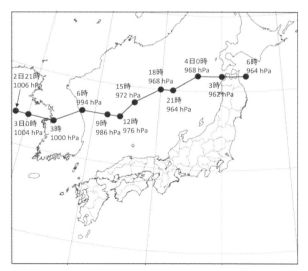

図 7-8　春の嵐の経路
2012 年 4 月 2 日 21 時〜 4 月 4 日 6 時までの温帯低気圧の経路．黒丸が低気圧の位置で，その時刻の低気圧の中心気圧の値（単位：hPa）も示している．東京管区地方気象台のホームページより（一部改変）．

3）秋の台風は暴風に注意！

実は台風は自分自身ではほとんど動けないということを皆さんはご存知ですか？　台風は太平洋高気圧の周りに沿って吹く風に乗り移動します（太平洋高気圧の中には入れない）．このため，北西方向に進んだ後に北東に向きを変えます．台風が進行方向を変えることを「**転向**」と言います．夏に日本が太平洋高気圧に覆われている時には，図 7-9（a）のように大陸に向かう台風が多いです（夏でも太平洋高気圧の張り出しが弱まる時は日本に台風がやってくる）．秋になると，太平洋高気圧の勢力が弱まります（図 7-9（b））．このため，台風は太平洋高気圧の縁を回って日本にやって来やすくなるのです．

第 5 章に出てきた偏西風は中緯度の上空を 1 年中吹いていますが，その位置は季節によって変化します．秋には偏西風が本州付近まで南下するため転向後に台風が偏西風に乗りやすく，夏よりも台風が本州付近を通過するスピードが速くなります．夏には偏西風が日本列島よりも北に位置することが多く，なかなか偏西風に乗れなくてうろうろする台風が見られることがあります．

第 6 章で学んだように，台風の右側は台風自身の風と台風を流す風が同じ方向に吹くため風が強くなります（図 6-6 参照）．台風を流す風である偏西風に乗る秋の台風は，右側の風がとっても強くなるのです．このため，秋の台風は暴風に注意が必要です！　図 6-5 をもう一度見てください．「伊勢湾台風」と「室戸台風」はどちらも台風の右側の風がとても強いことがわかります．この 2 つの台風は，9 月つまり「秋」に日本にやってきて大きな被害をもたらしたのです．

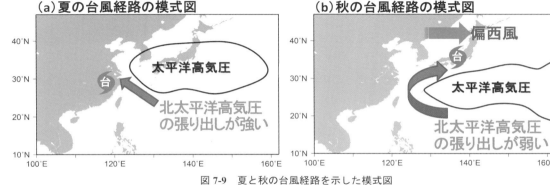

図 7-9　夏と秋の台風経路を示した模式図
(a) 夏に太平洋高気圧が日本付近に張り出している時の台風経路の模式図．
(b) 秋の主な台風経路の模式図．黒線が太平洋高気圧の範囲を示し，「台」は台風を示す．

第8章 気候変動とは？

今の気候は地球にとって「標準の気候」ではない？

　私の似顔絵では，私が恐竜（ティラノサウルスを描いたつもり）のいた時代にタイムスリップして，恐竜に見つからないように隠れています．私が吹き出しでも言っているように，恐竜が生きていた時代は現在よりもかなり暖かかったのです．この章では恐竜が生きていた時代も含めて，過去の地球の気候についてお話ししていきます．地球の過去には今では考えられないような気候の時代があったということを皆さんに知ってもらいたいと思います！

1. 過去の地球の気候
1）氷河時代とは？

　現在の地球の気候は，基本的に「赤道付近で気温が高く，極に近くなるほど気温は低い」です（口絵3参照）．実は，現在の気候は地球の46億年の長い歴史の中では「標準の気候」ではないのです．皆さんは「氷河時代」と聞くとどのような光景を思い浮かべますか？　おそらく，地球が一面を氷に覆われたとっても寒そうなイメージが浮かぶと思います．皆さんは「氷河」は知っていますよね？　実際に氷河を見たことがなくても，テレビや写真などで氷河を目にすることがあるかと思います．地球上に「大陸氷河」が存在する時代は氷河時代です．現在，地球上には大陸氷河が存在するので，現在は「氷河時代」なのです！

2）氷河・氷床とは？

　では，大陸氷河とは何でしょうか？　まずは，氷河とは何かですが，氷河は山岳つまり標高の高い山に見られる氷の塊です．これに対して，大陸氷河とはその名の通り大陸にできる氷河です．5万km²以上の広大な地域を氷が覆っているのが大陸氷河です（九州の面積が約4万km²）．大陸氷河は「氷床（ひょうしょう）」とも呼ばれます．現在，地球上に氷床が見られるのは，グリーンランドと南極大陸の2か所のみです．

　次に，氷河のでき方についてお話ししていきます．氷河は簡単にいうと「山をはうようにして流れる巨大な氷のこと」です．氷河は山の標高の高いところから低いところに向かって流れます．氷河の流れはとってもゆっくりですが，河のように流れているので「氷の河」と書いて氷河です．図8-1に氷河のでき方を示しました．まず，高い山に雪が降ります．高い山は気温が低いので，夏になっても雪はとけずに残ります．そして，また冬が来て雪が降って積もってとけずに残る…を何年も何年も繰り返します．そうすると，積もった雪の下の方つまり底の方は，雪の重みで氷になりま

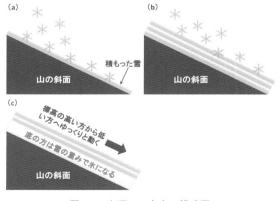

図8-1　氷河のでき方の模式図
(a) 山の斜面に雪が積もり夏になってもとけずに残る．
(b) 再び冬に雪が降り積もりとけずに残るを何年も何年も繰り返す．
(c) 積もった雪の下の方（つまり底の方）は雪の重みで氷になり，標高の高い方から低い方へゆっくりと動く．

す．降り積もった雪は，上にある雪の重みによって時間が経つにつれておしつぶされて固い雪になり，最後は氷になるのです．そして，自らの重みにより標高が高い方から低い方へとゆっくりと動きます．氷河の定義は以下の2つです．① 長い期間にわたり存在する氷の塊（その上の積雪も含める），② 流れていること．万年雪も「冬に降った雪が夏にとけずに残ってまたそこに雪が降り積もる」というのは氷河と同じなのですが，万年雪は流れていません．流れていなければ「氷河」ではないのです．

大陸氷河である氷床も山にできる氷河とでき方は同じです．氷河と同じように「大陸に雪が積もってとけずに残る」を繰り返して下の方が氷になります．そして，自らの重みにより内陸から海に向かって動きます（図8-2）．皆さんは映画「タイタニック」を観たことがありますか？ 豪華客船「タイタニック号」は氷山にぶつかって沈没しました．図8-2にあるように，陸地にある氷床はゆっくりと海に向かって流れて行き海の上に押し出されます．海の上に浮かんだ部分は「棚氷（たなごおり）」と呼ばれます．この棚氷がバリンと割れて海にぷかぷかと流れて行ったものが氷山で，これを「氷山分離」と言います（氷山は海面からの高さが5 m以上のものを言う）．氷床は積雪により増え，融解つまり氷床がとけることや氷山分離により減ります．「積雪よりも融解や氷山分離が多いと氷床は減る」という点は地球温暖化の所で重要になってくるので覚えておいてください．

図8-2 氷床のでき方の模式図
矢印は氷床の動く向きを示す．

3) 過去の地球環境がわかる「氷床コア」

はるか昔に降った雪が氷になった氷床には，過去の気候を知る重要な情報がたくさん詰まっています．このため，氷のサンプルである**氷床コア**を採取して調べることで，過去の地球環境を知ることができるのです！ドリルを使って垂直に氷床をくり抜き，円柱状の氷のサンプルである氷床コアを採取します（図8-3 (a)・(c)）．イメージとしては，シェイクやフラペチーノにストローをまっすぐにさして引き上げるとシェイクやフラペチーノの一部がストローの中に入りますよね？ 数十万年の年月をかけて雪が圧縮されてできた硬い氷なのでシェイクのように簡単には採取できないのですが，イメージとしてはそのような感じです．日本の南極観測基地の1つである「ドームふじ基地」で氷床コアが採取されています（図8-3 (c)）．氷床は深くなるほど古い年代の氷です．

氷床には気泡が見られます．氷床コアには，地球の過去の空気が閉じ込められているのです（図8-3 (b)）．この気泡に含まれる二酸化炭素を調べることで，当時の大気中の二酸化炭素の濃度がわかります．また，空気ではなく氷そのものを調べることで，当時の気温を知ることもできます．こ

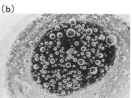
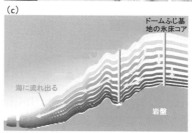

図8-3 氷床コア採取の説明図と氷床コアの写真
(a) 採取された氷床コアの写真
(b) 氷床コアに見られる気泡．(a) と (b) は米国海洋大気庁のホームページより．
(c) 氷床を垂直に掘り出す様子を示した概念図；矢印は氷床の流れる方向を示す．環境省のホームページ；https://www.env.go.jp/nature/nankyoku/kankyohogo/nankyoku_kids/donnatokoro/timecapsule/ice.htmlを一部改変．

のように，氷床コアを調べると過去の地球環境を知ることができるのです！

4）北極と南極の氷の違い

皆さんは，南極点には大陸があるけれども，北極点には大陸はなく海だということをご存知ですか？このことを知らない人は多いです．図8-4は南極点と北極点付近の氷の分布を示したものです．南極点は大陸があるので，氷床が存在します．南極点付近は寒いので，もちろん南極大陸の周りの海である南極海には海氷があります．これに対して，北極点は海で大陸がないため海氷が見られます．ちなみに，北極点に近いグリーンランドは

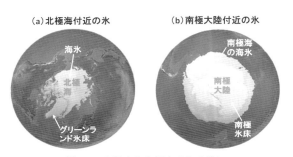

図8-4 南極点と北極点の氷の違い
(a) 北極海付近の氷，(b) 南極大陸付近の氷．
NASAのホームページに加筆．

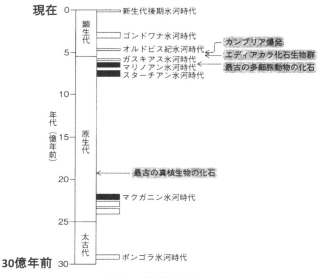

図8-5 全球凍結イベント
黒塗りの四角が全球凍結で，白抜きの四角は通常の氷河時代を示す．田近英一著「地球環境46億年の大変動史」に加筆．

陸地なので氷床があります．

5）恐竜が生きていた時代はとても暖かかった

すでにお話ししたように，現在は南極とグリーンランドに大陸氷河が存在するから氷河時代です．ということは，「地球上に氷が存在しない時代があったの？」と思いますよね？地球に氷が存在しない時代は何度かありました．今から約1億年前の恐竜が生息していた時代は気温が高く，地球上に全く氷が無かったのです（「**無氷河時代**」と呼ばれる）．恐竜が生息していたのは「中生代」と呼ばれる今から約2億5,100万年前〜6,600万年前です．人類が地球に出現してからは政治的な出来事などで時代区分をすることができるのですが，人が地球に出現する前の時代はそうはいきません．「地質時代」という時代区分は，主に地層から見つかる化石をもとに時代を分けます．地質時代の区分では，現在私たちが生きている時代は**新生代**です．恐竜が生息していた中生代は三畳紀・ジュラ紀・白亜紀に分けられます．白亜紀の中ごろである約1億年前の地球の平均気温は現在よりも6〜14℃高く，地球上に氷がない時代だったのです．

再び口絵3を見てください．現在は気温が0℃を下回る地域が高緯度に見られますよね？白亜紀には地球上に気温が0℃を下回る場所がなく，北極点・南極点でも気温が0℃よりも高かったのです．0℃を下回る場所がなかった＝地球上に氷（氷河・氷床・海氷）が存在しない無氷河時代だったわけです．

6）地球がまるで雪玉に！ 全球凍結とは？

恐竜が生息していた時代のように今よりも大分暖かい時代があった一方で，過去の地球にはとんでもなく寒い時代もありました．それが，**全球凍結（スノーボール・アースイベント）**です．地球全体が凍結し地球がまるで巨大な雪玉のようになっていたと考えられているので，スノーボールアース（直訳すると「雪玉地球」）と呼ばれます．全球凍結は過去に3回確認されています．今は暖

かい赤道の気温はなんと－30℃，地球の平均気温は－40℃くらいだったと考えられています．

図8-5は過去30億年間に発生した氷河時代を示しています．先ほど，地質時代の区分では私たちが生きている時代は「新生代」だとお話ししたのですが，一番上の「新生代後期氷河時代」というのが現在の氷河時代です．黒塗りの四角で示した3つの氷河時代に全球凍結が起こりました．約6億年前のマリノアン氷河時代，約7億年前のスターチアン氷河時代，そして約22億年前のマクガニン氷河時代です．今も氷河時代ですが，この3つの氷河時代と現在の氷河時代は寒さが全然違うのです．

2．氷期－間氷期サイクルとは？
1）氷期と間氷期は交互に繰り返されている！

現在は地球上に大陸氷河が存在する氷河時代ですが，恐竜が生きていた時代は無氷河時代です．氷河時代と無氷河時代は繰り返されています．現在の新生代後期氷河時代は「氷河時代」で，過去5億年の気候からすると比較的寒い時代になります．新生代後期氷河時代はずっと寒いわけではなく，80万年前から寒い「**氷期**」と比較的暖かい「**間氷期**」が10万年周期で交互に繰り返されています．これを**氷期－間氷期サイクル**と言います．

図8-6は南極で採取した氷床コアから復元された過去約70万年の気温を示したグラフです．寒い氷期と比較的暖かい間氷期が交互に繰り返される氷期－間氷期サイクルが存在することがわかると思います．氷期と間氷期は約10万年周期で訪れます．ちなみに，氷期から間氷期に移る際には，**5,000年かけて4～7℃気温が上昇**します．この点は地球温暖化のところで出てくるので，頭に入れておいてください．

2）最終氷期の地球の気候

現在は比較的暖かい間氷期なのですが，約7万年～約1万年前は現在よりも気温の低い氷期でした．この期間の氷期を一番最近の氷期という意味

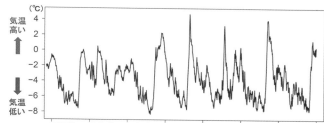

図8-6 南極のドームふじで採取した氷床コアから復元した過去約70万年の気温の変動
値は過去2,000年平均値からの差．データはUemura et al. (2018) より．

で「**最終氷期**」と呼びます．最終だからと言って「もう氷期は来ない」という意味ではありません．最終氷期で一番寒かったのは約1万8,000年前で**最終氷期の最盛期**と呼ばれます．最終氷期の最盛期の日本の気温は，現在よりも6～9℃ほど低かったと考えられています．

氷床は積雪により増え，融解や氷山分離により減ります（図8-2参照）．最終氷期は今よりも寒かったため，現在と比べて積雪が多く氷床はとけにくいです．氷床が現在よりも多いと何が起こるのでしょうか？ この点を皆さんに理解してもらうためには，まずは水循環について知ってもらう必要があります．水は「① 海水が蒸発して水蒸気になる」→「② 大気中の水蒸気から雲ができ陸地で雨や雪を降らせる」→「③ 降った雨は川や地下水となって海に流れ出る（もしくは氷河・氷床として陸地に残る）」と①～③をずっと繰り返しています．これが「水循環」です．第1章で大気中の水蒸気が雨となり地球の表面に溜まって海ができたとお話ししたのですが，地球の水は太古の昔からその総量はほとんど変わっていません．最終氷期のように寒い時期は，今より雨ではなく雪が降ることが多くなるため，陸地にある氷河や氷床が現在よりも多かったのです．

図8-7は宇宙空間に立って上空から北半球を見た図です．白いところが氷床を示します．現在，北半球ではグリーンランドのみに氷床が存在するのですが，最終氷期の最盛期にはグリーンランドに加えてユーラシア大陸と北米大陸にも氷床が存

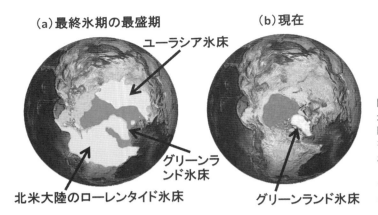

図 8-7 北半球における氷床の分布について，最終氷期の最盛期と現在を比較した図
陰影のない真っ白な部分が氷床を示す．現在の北半球にはグリーンランド氷床が見られるが，最終氷期の最盛期の北半球にはユーラシア氷床とローレンタイド氷床も存在した．米国海洋大気庁国立環境情報センターのホームページより（一部改変）．

在したのです（「ユーラシア氷床」・「ローレンタイド氷床」とそれぞれ呼ばれる）．氷床が増えるということは，現在地球に「液体の水」として存在しているものが，最終氷期の最盛期には「固体の氷や雪」として大陸に存在していたということになります．地球の水の量は昔から一定なので，雪や氷として陸地に水がとどまる量が増えると，海の水が減って海面水位（海水の高さのこと）が低下します．海面水位が低下していた最終氷期の最盛期には現在よりも陸地が多かったのです．図8-8で薄いグレーが現在の陸地を示します．最終氷期の最盛期の海面水位は今よりも120 m 低かったと考えられているので，地球の全ての地域で海面水位が現在よりも120 m 低かったと仮定した場合に，今よりも増える陸地を濃いグレーで示しています．最終氷期の最盛期には海面水位が低かったため，ジャワ島・ボルネオ島・スマトラ島は大陸とつながっていました（スンダランドと呼ばれる）．また，日本では瀬戸内海が陸地だったのです！

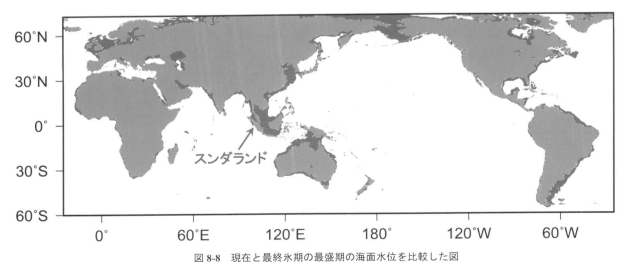

図 8-8 現在と最終氷期の最盛期の海面水位を比較した図
薄いグレーが現在の陸地で，濃いグレーは地球の全ての地域で海面水位が現在よりも120 m 低かったと仮定した場合に増える陸地（この図では地球全体で均一に海面水位が120m 低いと想定して描画しているが，最終氷期の最盛期の海面水位は場所によって多少異なる点に注意）．標高データは ETOPO1 を使用（Amante and Earkins 2009）．

第9章 近年の気候変動

地球温暖化について正しく知ろう！

　この章では近年問題になっている地球温暖化について学びます．似顔絵では，私が頑張って地球を扇いでおります．地球温暖化は「気温が高いことが問題」と思っている人が多いのですが，実は地球温暖化の問題は気温が高いことではないのです．地球温暖化の一番の対策は「地球温暖化について正しく知ること」なので，この章で学んだ地球温暖化に関する知識をぜひ，周りの人にもシェアしてくださいね．1人でも多くの人に地球温暖化について正しく理解してもらえるように，皆さんに協力してもらえたらうれしいです！

1．地球温暖化はなぜ起こる？
1）2013年は観測史上一番気温が高かった！

　図9-1は1891年から2023年までの世界の年平均気温の変化を示したグラフです（裏表紙も参照）．値は基準値である1991～2020年の30年平均値からの差です．世界の年平均気温は20世紀の初めから急激に上昇していることがわかると思います．特に，1980年以降の気温上昇が顕著です．世界の年平均気温は100年あたり0.76℃の割合で上昇しています．グラフの一番右の値が2023年なのですが，グラフからもわかるように2023年の気温はとても高かったです．2023年は1891年以降で最も気温が高い年となりました．皆さんも毎日の生活の中で，地球の気温が上昇していることを感じることがあるかと思います．では，なぜ地球の気温は上昇しているのでしょうか？

2）私たちが普通に生活をすると温室効果ガスが増える!?

　第3章で，地球大気にはわずかに温室効果ガス含まれると学びました．温室効果ガスが大気中にわずかに存在するお陰で生物が生きるのに適した気温が保たれているのですが，18世紀後半に起こった産業革命以来，私たち人間は温室効果ガスをたくさん大気に排出し続けています．これにより大気中の温室効果ガスが増えているのです．大気中の温室効果ガスが増えると，地表面から出た赤外線を温室効果ガスがキャッチして地表に戻す

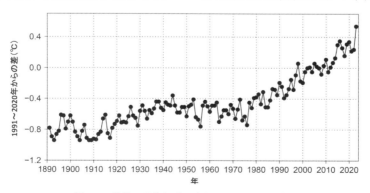

図9-1　世界の平均気温の変化（1891～2023年）
気温は基準値（1991～2020年の30年平均値）からの差．
データは気象庁より．裏表紙のカラー図も参照．

という「温室効果」が強まり，地球の気温はどんどん上昇するわけです（図3-3）．

第3章で，「地球温暖化では二酸化炭素が問題だと言われるけれどもメタンや六フッ化硫黄の方が温室効果は強い」という話をしました．再び表3-1を見てもらいたいのですが，二酸化炭素の「排出源」のところに化石燃料とありますよね？　化石燃料とは何でしょうか？

化石燃料とは，石油・石炭・天然ガスなどを言います．人が出している温室効果ガスの中で一番排出している割合が多いのが「化石燃料由来の二酸化炭素」です．つまり，現在二酸化炭素が問題となっている理由は，「私たち人間が化石燃料由来の二酸化炭素をたくさん排出しているから」なのです．では，化石燃料は何に使われるのでしょうか？　答えは自動車や発電などです．石油製品の1つであるガソリンを燃やすことで自動車は動いていますし，石炭や天然ガスを燃やすことで電気が作られます．化石燃料は現在のエネルギー源の90％近くを占めています．人類は，産業革命が起こった約200年前から化石燃料を使い続けてきたのです！

2．大気中の二酸化炭素は過去と比べてどれくらい増えているのか？

1）過去80万年における大気中の二酸化炭素濃度の変化

図9-2は，過去80万年の大気中の二酸化炭素濃度の変化を示したグラフで，縦軸のppm（ピーピーエム）は大気中の二酸化炭素濃度の単位です．図8-6に示した過去80万年の気温のグラフと図9-2を比較してみてください．図8-6に見られる氷期－間氷期サイクルと同じように，大気中の二酸化炭素濃度は10万年周期で変化しています．氷期には大気中の二酸化炭素濃度は減り，間氷期には逆に増えます．氷期には大気中の二酸化炭素はどこに行くのでしょうか？　それは，海です．海は水温が低いほど多くの二酸化炭素をたくさん溶かすことができます．「水温が低いほどたくさん二酸化炭素を溶かす」というのは，炭酸飲料を思い浮かべてもらうと分かりやすいと思います．炭酸飲料は冷たいですよね？　二酸化炭素は水温が低いほどたくさん水に溶けます．気温の低い氷期には間氷期よりも寒いため海水の温度ももちろん低いです．海水温が低い氷期には二酸化炭

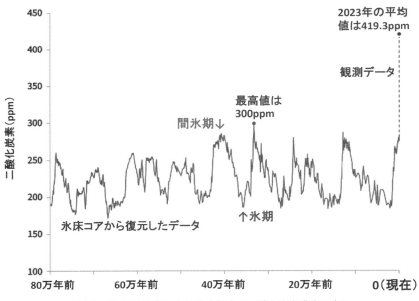

図9-2　過去80万年における大気中の二酸化炭素濃度の変化
実線は南極の氷床コアから復元した大気中の二酸化炭素濃度で，破線は観測により得られた大気中の二酸化炭素濃度のデータを示す．米国海洋大気庁のClimate.gov.のホームページを一部改変．グラフのデータはLüthi et al.（2008）より．

素が海にたくさん溶けるので，間氷期よりも大気中の二酸化炭素濃度が減ります．過去80万年の氷期－間氷期サイクルの中では大気中の二酸化炭素濃度は300 ppmが最高値だったのですが，現在は過去80万年には見られないほど二酸化炭素濃度が増加しています！　2023年の大気中の二酸化炭素濃度の値は419.3 ppmです．産業革命前の大気中の二酸化炭素濃度の平均値は278 ppmでした．つまり，現在の大気中の二酸化炭素濃度は産業革命前の約1.5倍になっているのです．大気中の二酸化炭素濃度の増加により，温室効果が強まり地球の気温は上昇しています．地球温暖化は人間が排出する温室効果ガスが原因です．もし，経済活動が停滞したら大気中の二酸化炭素濃度の増加量はどうなるのでしょうか？

2）経済活動の停滞が大気中の二酸化炭素濃度増加に与える影響

　2020年は新型コロナウイルスの影響で多くの大都市が閉鎖され，経済活動が停滞しました．図9-3は，衛星「いぶき」が観測した大気中の二酸化炭素濃度の増加量を示したものです．大都市である東京・上海そしてインドのムンバイの大気中の二酸化炭素濃度の増加量を2016〜2020年について1〜4月の月ごとに示しています．東京の3〜4月を見てみると，2020年の大気中の二酸化炭素濃度の増加量は他の年と比べて低下しています．2020年4月は緊急事態宣言が発令され，商業施設が閉まり多くの会社でテレワークとなりました．活動自粛期間に東京で二酸化炭素濃度の増加量が低下していたのです．また，上海とムンバイでは，2020年の2〜4月に他の年と比べて二酸化炭素濃度の増加量が低下しています．こちらも都市レベルでの制限期間に一致します．このように，2020年の自粛期間に経済活動が不活発になったことで，大気中の二酸化炭素濃度の増加量は低下したのです．

3．地球温暖化は何が問題なのか？

1）地球温暖化は過去の気候と比べて何が異常なのか？

　前章でお話ししたように現在は氷河時代で，地球の過去5億年の気候からすると寒い時代になります．また，恐竜が生息していた約1億年前の白亜紀の中ごろには地球の平均気温は現在よりも6〜14℃高く，極でも気温が0℃を下回らず地球上に氷がない暖かい時代でした．「現在よりも恐竜が生息していた時代の気温が高かったのなら，地球温暖化は問題ないんじゃないの？」と思いますよね？　実は，気温が高いことが地球温暖化の問題ではないのです．**現在の地球温暖化は気温の上昇率がとっても大きいことが問題**なのです！も

図9-3　大都市における大気中の二酸化炭素濃度の増加量
温室効果ガスを観測する衛星である「いぶき」（GOSAT）による大気中の二酸化炭素濃度の増加量を示している．値は2016〜2020年の1〜4月の月ごとの値．縦軸のppmvはppmと同じ．2020年に特に値が低下している月に「低下」の文字を付している．JAXA提供の図に加筆．

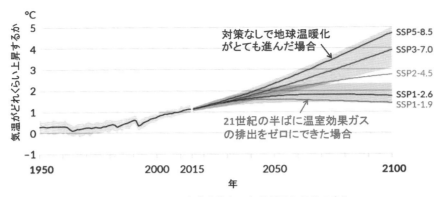

図 9-4　1850～1900 年を基準とした世界平均気温の変化
IPCC 第 6 次評価報告書第 1 作業部会報告書 政策決定者向け要約 暫定訳
図 SPM.8（a）（文部科学省及び気象庁 2022）に加筆．

う一度図 9-1 を見てください．20 世紀の初めから気温が急激に上昇していることがわかりますよね？　前章でお話ししたように，氷期から間氷期に移る際は 5,000 年で 4～7 ℃上昇するのですが（図 8-6），現在の地球温暖化では 20 世紀の 100 年間で 0.7 ℃も上昇しているのです！　氷期から間氷期に移る際の気温上昇と比較すると，現在の気温の上昇率は相当大きいということがわかると思います．

2）21 世紀末の地球の気温はどうなる？

　このまま気温上昇が続いたら，今世紀末の地球の気温はどうなるのでしょうか？　図 9-4 は，1850～1900 年と比較した地球の平均気温を今世紀末の 2100 年まで予測したものです．一番上の線が地球温暖化対策を何もしなかった場合の気温の変化で，一番下の線が 21 世紀の半ばに温室効果ガスの排出をゼロにできた場合の気温の変化を示しています．もし，今から温室効果ガスの排出を減らして 21 世紀半ばに排出量をゼロにできたとしても，今世紀末の地球の平均気温は 1.0～1.8 ℃上昇すると予測されています．一方，何も対策をしない場合には，21 世紀末に気温は 3.3～5.7 ℃上昇するとみられているのです．氷期から間氷期に移る際の気温の上昇率を考えると，これは相当な上昇率です．

　もし，今世紀末に予測されている最大値である 5.7 ℃気温が上昇したら日本の気候はどうなるでしょうか？　図 9-5 は，東京・千葉・八戸（青森県）・名瀬（鹿児島県）の 4 地点における 1991～2020 年の年平均気温を示しています．現在よりも東京の年平均気温が 6 ℃上昇し，千葉の年平均気温が 5.6 ℃上昇すると鹿児島県の名瀬の気温になります．また，八戸の年平均気温が現在よりも 5.7 ℃上昇すると，千葉の気温になってしまうのです．「5.7 ℃の気温上昇」は日本の気候をかなり変えるということがわかると思います．

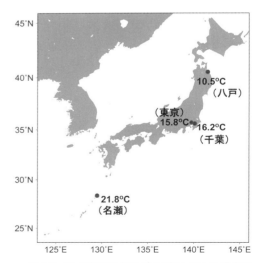

図 9-5　21 世紀末に気温が 5.7 ℃上昇した場合に日本の気候はどうなるのかを示した図
千葉・東京・名瀬・八戸の各地点の年平均気温を示している．気温の値は 1991～2020 年の 30 年平均値でデータは気象庁より．

第10章 地球温暖化の影響

海面上昇や大雨の増加

　この章の私の似顔絵では私が海氷に乗っていて，隣にいるホッキョクグマもアザラシも「暑い！」と言っています．毎年「夏が暑くて大変」と感じる人も多いと思いますが，地球温暖化の影響を受けているのは私たち人間だけではありません．この章では，地球温暖化に伴い今，地球で何が起こっているのかについて，皆さんにお話ししていきたいと思います！

1．気温上昇で地球上の氷がとける！
1）氷河・氷床の減少

　氷床は動いているので，氷山分離は当たり前の現象なのですが（図8-2），地球温暖化に伴う気温と海水温の上昇により，氷山が海に流れ出る量が多くなっています．最終氷期の最盛期のように気温が低くて積雪が増えれば氷床は増えますが（図8-7），気温が高くなると融解や氷山分離が多くなり氷床は減少します．図10-1は南極とグリーンランドの氷床の減少量を示した図です．グラフの線が下に行くほど氷床がたくさん減少していることを示します．南極・グリーンランドともに，氷床が急激に減っていることがわかると思います．南極では年に約1,500億トン，グリーンランドでは年に約2,700億トンもの氷床が失われているのです！　地球温暖化の影響で氷山分離が増えていると今お話ししましたが，氷山分離により棚氷が無くなると棚氷がせき止めていた背後にある氷床も海に流れ出すため，たくさんの氷を失うのです．南極半島にあったラーセンB棚氷は2002年2月に割れ始め，3月に崩壊し大量の氷が海に流れ出していきました．この崩壊により，3,250 km²（埼玉県の面積くらい）の氷が海に流れ出たのです！　衛星から見たラーセンB棚氷崩壊の様子は図10-1のQRコードにある動画で見ることができます．

　もちろん，山にできる氷河も減少しています．図10-2はグリーンランドのヤコブスハブン氷河の末端部（つまり氷河の端）の変化を示しています．氷河の末端部は気温が低い時には標高が低いところまで前進し，気温が高いと標高が高いところに向かって後退していきます．この図から，気温上昇に伴い氷河は年々後退していることがわかります．図10-2のQRコードに示したサイトでは，過去と現在で比較した世界の氷河の写真を見るこ

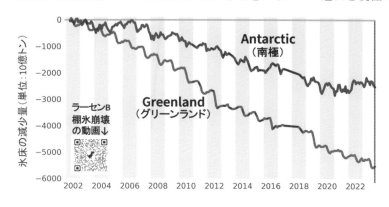

図10-1　南極とグリーンランドの氷床の減少量を示したグラフ
上の線が南極，下の線がグリーンランドの減少量を示す．グラフは2002年4月から2023年11月までの月ごとの氷床の減少量で，グラフが下に行くほど減少量が大きいことを示す．提供：NASA and JPL/Caltech（一部改変）．

図 10-2　グリーンランドのヤコブスハブン氷河の後退を示した図
1850〜2004年の過去約150年における氷河の末端部の変化を示している．1850年には標高の低いところまで氷河が存在していたが，年を追うごとに氷河が標高の高いところに後退していることがわかる．提供：NASA/Goddard Space Flight Center - Scientific Visualization Studio, and Goddard TV（一部改変）．

とができます．こちらの写真を見ると，氷河が急激に減少していることがわかると思います．

2）海氷の減少〜ホッキョクグマが街を襲う！

第8章で北極は大陸がなく海なので海氷が存在するという話をしました（図8-4参照）．海氷の面積は季節によって変化します．北極海の海氷は気温が低い冬に面積が大きく，夏に向かうにつれて面積が小さくなっていきます．9月に1年で一番面積が小さくなり，再び冬に向かって気温が下がるにつれて面積が大きくなるという季節変化をします．ということで，海氷の面積は毎年9月に最小になります．図10-3は，1979〜2023年において年ごとに北極海の海氷面積が9月に最小になった時の値を示したものです．気温上昇に伴い氷河・氷床と同じように北極海の海氷面積も減少していることがわかります．

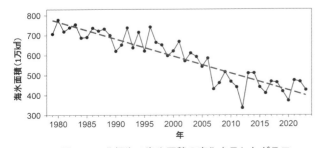

図 10-3　北極海の海氷面積の変化を示したグラフ
グラフは各年の9月に北極海の海氷面積が最小となった時の値を示している．期間は1979〜2023年で単位は1万km²．グレーの破線は長期的な傾向を示す．データは気象庁より．

この章の最初に，地球温暖化の影響を受けているのは私たち人間だけではないという話をしましたが，海氷の減少はホッキョクグマの生活に影響します．ホッキョクグマは海氷に乗ってアザラシなどを狩ります．海氷がなければホッキョクグマは狩りをすることができないのです．今後，北極海で海氷の減少が進むとホッキョクグマが狩りをすることが難しくなり，絶滅する可能性があると言われています．2019年には，獲物を捕らえることができなくなった50頭以上のホッキョクグマが餌を求めて北極海に位置するロシア領のノバヤゼムリャ列島にある集落を襲うという事態が発生したのです！

2. 海面水位の上昇
1）海面水位の上昇を引き起こす原因とは？

地球の水は太古の昔からその総量はほとんど変わっていません．第8章で学んだように，現在よりも気温が低くて陸地に氷がたくさんあった最終氷期の最盛期には，海面水位が現在よりも120 m下がっていたと考えられています（図8-8参照）．では，気温が高く陸地の氷である氷河・氷床がとけている現在の海面水位はどうなっているのでしょうか？　もちろん，現在の海面水位は上昇しています（「海面上昇」と言う）．図10-4の濃いグレーの線は，世界の平均海面水位が1993年と比較してどれくらい高くなっているのかを示して

第 10 章　地球温暖化の影響　63

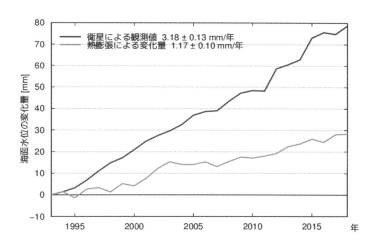

図 10-4　世界の平均海面水位の変化を示したグラフ
濃いグレーの線は南緯 66 度〜北緯 66 度における平均海面水位が 1993 年と比較してどれくらい高くなったのかを示している．また，海水の熱膨張によりどれくらい海面水位が上昇しているのかを薄いグレーの線で示している．気象庁のホームページより．

います．世界の海面水位は 1 年あたり約 3.2 mm の割合で上昇しています．1870 〜 2000 年の間に世界の海面水位は 22.1 cm 上昇しました．これは過去 2,000 年のどの時期の上昇率よりも大きいのです．

氷河・氷床の融解に加えて，気温上昇により水温が高くなり海水が膨張することも海面上昇の要因の 1 つです．水の分子は暖められると激しく動くためたくさん空間を使うようになります．これにより体積が増えるのです（「海水の熱膨張」という；図 10-4 の薄いグレーの線）．つまり，気温上昇により氷河・氷床が解ける＋海水の膨張により，現在海面水位は上昇し続けているのです．

ここで皆さんに 1 つ理解してもらいたいことがあります．陸の氷である氷河・氷床がとけた水は海に流れていくため海面水位は上昇しますが，海氷がとけても海面は上昇しません．図 10-5 を見てください．水が入ったコップを冷凍庫に入れてしばらく冷やすと表面に氷が張りますよね（図 10-5（b））．この冷凍庫で冷やしたコップを常温に置いておくと氷はとけます（図 10-5（a））．冷凍庫で冷やす前と表面に張った氷がとけた後のコップの水の高さを見てみると，水の高さは変わりません．これと同じで，海の水が凍った海氷がとけても海面の高さは変わらないのです．もし，やかんでコップに水を注いだらコップの水の高さは変わります（図 10-5（c））．コップの水を海水に例えると，この「やかんの水」が地球でいう氷河・氷床がとけた水です．

2）海面水位が上昇したら何が起こるのか？

海面水位の上昇により，海抜高度の低い島々が水没の危機にあります．インド洋に位置するモルディブは約 1,200 の島々からなる島国で，島の 80％が海抜 1 m 以下です．海抜とは，平均海水面からの高さを言います．2100 年までに最大で約 1 m 海面水位が上昇すると予測されているため，モルディブは国土の多くが水没の危機にあるのです．海面上昇の対策として，モルディブ政府は首都に近いマレに人工の島であるフルマーレ島を作りました．島は海抜 2 m の高さに埋め立てられています．「シティ・オブ・ホープ」つまり「希望の都市」と呼ばれるフルマーレ島へのモルディブ国民の移住が進んでいるのです．

図 10-5　海氷がとけても海面の高さは変わらないことを示した模式図

図10-6　海抜ゼロメートル地帯の概念図

皆さんは，**海抜ゼロメートル地帯**という言葉を聞いたことがありますか？　地表の高さが満潮時の平均海水面よりも低い土地が「海抜ゼロメートル地帯」で（図10-6），日本の三大湾である東京湾・伊勢湾・大阪湾周辺の海抜ゼロメートル地帯には多くの人が住んでいます．海抜ゼロメートル地帯は現在でも台風通過時に高潮による浸水の危険にさらされることがあります．高潮とは「台風のような強い低気圧により，海面が異常に高くなる現象」です．将来，台風の強さが増すと予測されています．海面水位の上昇と台風強度の増大に伴い，海抜ゼロメートル地帯では高潮による浸水の危険が徐々に高まってくると考えられているのです．

3．地球温暖化に伴う日本の気温・降水量の変化

1）大雨は増えている

図10-7は日本で発生した日降水量（つまり1日に降った降水の量）が100 mm以上の大雨が1年に何回発生したのかを示したグラフです（値は1地点当たりの日数）．グラフは1901～2023年の年間発生日数を示しています．このグラフから，日降水量100 mm以上の日数は増えていることがわかります．20世紀初めの1901～1930年の30年平均では日降水量100 mm以上の発生日数は年間約0.84日ですが，最近30年である1994～2023年の平均は年間約1.15日です．最近30年の平均値は20世紀最初の30年の約1.4倍です．大雨は増加しているのです．

第4章で学んだように，空気中の水蒸気が水滴や氷の粒に変わった「雲」から雨が降りますよね？　実は，空気が含むことのできる水蒸気の量は無限ではなく，含むことのできる量は気温で決まります．気温が高いと空気が含むことができる最大の水蒸気量は増えます．地球温暖化で地球の気温が上昇していることは今までお話ししてきた通りです．気温上昇により空気が含むことのできる水蒸気の量が増えれば，降水量が増加するわけです．気温が1℃上昇すると，空気が含むことのできる最大の水蒸気量は7%増加します．気温上昇に伴い雨のもとである水蒸気を空気がたくさん含むことができるようになったことにより，近年大雨が増えているのです．

2）夏の暑い日が増加！

最近，夏がどんどん暑くなっていると感じませんか？　図10-8（a）は1898～2023年の夏の平均気温のグラフです．6～8月の平均気温が夏の平均気温で，値は1991～2020年の30年平均値からの差です．このグラフからもわかるように，夏の気温はどんどん上昇しています．皆さんは「猛

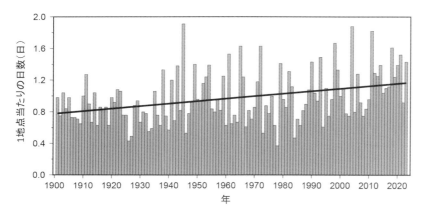

図10-7　日本における大雨の変化を示したグラフ
棒グラフは日降水量が100 mm以上の年間日数を示す（1901～2023年）．全国51地点の平均で値は1地点あたりの日数．直線は長期的な傾向を示す．データは気象庁より．

第 10 章　地球温暖化の影響　65

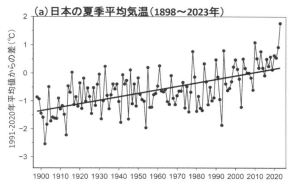
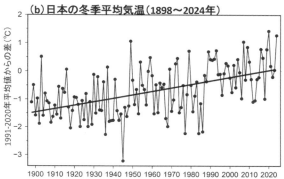

図 10-8　日本の夏季と冬季の平均気温の変化を示したグラフ
(a) 日本の夏季平均気温 (1898～2023 年), (b) 日本の冬季平均気温 (1898～2024 年).
値は 1991～2020 年の 30 年平均値からの差. 直線は長期的な傾向を示す. データは気象庁より.

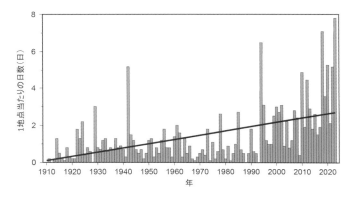

図 10-9　日本における猛暑日の変化を示したグラフ
棒グラフは日最高気温が 35 ℃以上の猛暑日の年間日数を示す (1910～2023 年). 全国 13 地点における平均で値は 1 地点あたりの日数. 直線は長期的な傾向を示す. データは気象庁より.

暑日」という言葉を聞いたことがありますか？日最高気温（つまりその日に一番高かった気温）が 35 ℃の以上の日が「猛暑日」です．図 10-9 は猛暑日の日数の変化を示したグラフなのですが，猛暑日は特に 1990 年代半ばごろから増加しています．グラフに示した最初の 30 年である 1910～1939 年の猛暑日の平均日数は約 0.8 日なのですが，最近 30 年（1994～2023 年）の平均日数は約 2.9 日と最初の 30 年の約 3.8 倍に増加しているのです！

次に冬の気温を見てみましょう．夏と同様に，日本の冬の平均気温も上昇傾向です（図 10-8 (b)）．冬の平均気温は 12 月から翌年の 2 月までの 3 カ月の平均気温を言います（例えば 2024 年の冬の平均気温は 2023 年 12 月～2024 年 2 月の 3 カ月の平均気温）．地球温暖化で冬の気温が上昇している今，私たちはもう寒い冬を経験することはないのでしょうか？　もう一度冬の気温のグラフを見てください．冬の気温は上昇傾向ですが，時々気温が低い年が見られますよね？　なぜ地球温暖化なのに寒い冬がやってくるのでしょうか？

3) 地球温暖化なのに寒い冬がやってくる !?

その答えはバレンツ海の海氷です．先ほど，地球温暖化の影響で北極海の海氷が減っているという話をしましたよね？　バレンツ海は北極海の一部なので，もちろんバレンツ海の海氷も減少しています．まずは，バレンツ海の位置を確認しておきましょう．図 10-10 (a) で斜め線の楕円で示した領域が，バレンツ海です．では，バレンツ海の海氷面積の減少がどのように日本の冬の天候に影響するのでしょうか？　第 7 章に日本海側に雪をもたらす西高東低の気圧配置について学びました．西高東低の気圧配置の時は，シベリア高気圧から北西の季節風によって冷たい空気が日本にやってきます（図 7-1 と口絵 4 参照）．日本

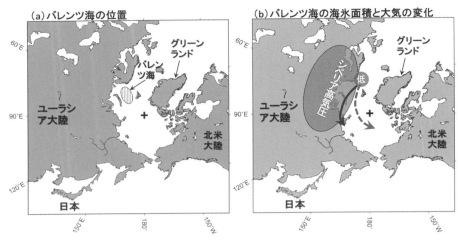

図 10-10 バレンツ海の位置とバレンツ海の海氷面積の減少・増加による冬の大気の変化を示した模式図
(a) 宇宙空間に立って上から北極付近を見ている図．斜め線の楕円で示した領域がバレンツ海の位置．
(b)「低」はシベリア高気圧の北に位置する低気圧を示す．実線はバレンツ海の海氷が多い年の低気圧の経路で，破線は海氷が少ない年の低気圧の経路．
(a) と (b) の＋印は北極点を示す．海洋研究開発機構のホームページをもとに作成（https://www.jamstec.go.jp/j/kids/press_release/20120201/）．

に冷たい空気をもたらすシベリア高気圧が強くなると，日本は寒い冬となります．バレンツ海の海氷面積の減少はシベリア高気圧を強めるのです！図 10-10（b）にバレンツ海の海氷が多い年と少ない年の冬の大気の変化の模式図を示しました．シベリア高気圧の北側を低気圧が通過するのですが，バレンツ海の海氷が多い年には，低気圧は実線で示したいつもよりも南の方を通ります．逆に，バレンツ海の海氷が少ない年は，低気圧が破線で示したいつもよりも北の方を通るのです．低気圧がいつもよりも北の方を通ってくれるお陰で，シベリア高気圧が北に拡大し強まります．シベリア高気圧が強まることにより，日本に冷たい空気がたくさんやって来て寒い冬となるのです．つまり，地球温暖化の影響で北極海の海氷がとけることが原因で日本は寒い冬を経験するわけです．「地球温暖化なのに寒い冬がやってくるのはおかしい！」と言う人はこのメカニズムを知らないのです．

第11章 地球温暖化に対する国際的な取り組み

身近にできる地球温暖化対策も学ぼう！

　気象災害による被害をこれ以上増やさないために，世界全体で地球温暖化対策を行う必要があります．地球温暖化対策は経済発展の妨げとなるため以前は消極的な国が多かったのですが，今は地球温暖化対策を真剣に行おうと考える国が増えてきました．国際社会が地球温暖化対策に積極的に取り組むようになった経緯について，この章でお話ししていきます．似顔絵では私がすやすやと寝ていますが，実は地球温暖化対策は寝ていてもできるのです．寝ながらどうやって地球温暖化対策を行うのかについてもご紹介したいと思います！

1．地球温暖化を緩和するには？

1）地球温暖化に対する国際的な取り組み

　第9章でお話ししたように，現在の地球大気中の二酸化炭素濃度は産業革命前の値の約1.5倍になっています．大気中の温室効果ガス濃度の増加により，地表面から放出された赤外線を温室効果ガスが吸収して地表に戻すという「温室効果」が強まることで，地球の平均気温は上昇しています．では，気温上昇を食い止めるためにはどうしたら良いのでしょうか？答えは簡単です．温室効果ガスの排出をやめればよいのです！まずは，温室効果ガスの排出を減らすための国際的な取り組みの歴史についてお話ししていきます．

　国連気候変動枠組条約（UNFCCC）の決まりにより，1995年から毎年締約国会議（COP）が開催され，地球温暖化対策について話し合われています．「COP」とは「締約国会議」を意味するConference of the Partiesの略です．締約国とは「その条約を結んでいる国」のことで，条約を実行してその進み具合や状況を報告する義務があります．UNFCCCの締約国は，現在198の国と機関です．COPは1995年から毎年開催されているので，開催されるごとにCOP2・COP3と名前が付きます．2020年はコロナウイルス感染症拡大の影響で開催できませんでしたが，COPは1995年以降毎年開催されています．COPは全会一致による採択が原則なので，1カ国でも反対する国があると採択はできません．このため，結論がまとまらず紛糾することも多いのです．

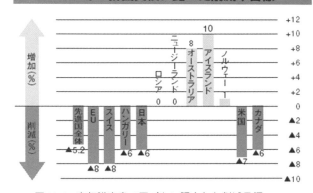

図11-1　京都議定書で国ごとに課された削減目標
値は1990年における温室効果ガス排出量と比べた削減率目標（単位：％）を示す（国土交通省のホームページより；https://www.mlit.go.jp/river/pamphlet_jirei/bousai/saigai/kiroku/suigai/suigai_2-1-7.html）．

2）「京都議定書」と「パリ協定」とは？

　地球温暖化対策の国際的な取り組みの歴史の中で重要なのが，1997年に京都で開催されたCOP3で採択された「京都議定書」と，2015年のCOP21で採択された「パリ協定」です．今からお話しするように，「京都議定書」は世界が初め

て温室効果ガスを減らすことを約束した国際協定ですが，京都議定書で温室効果ガスの排出削減義務を負ったのは先進国だけでした．先進国のみが負っていた温室効果ガスの削減義務を発展途上国も負うことになったのが「パリ協定」です．パリ協定により，世界のすべての国が温室効果ガスの排出削減を目指すという合意に至ったのです．これから，京都議定書からパリ協定の合意に至るまでの世界の地球温暖化対策の歴史についてお話ししていきます．

まずは，COP3で採択された「京都議定書」の話です．COP3では先進国に対して国ごとに温室効果ガス排出の削減目標を課した「京都議定書」に合意しました．京都議定書は，参加している先進国全体に対して「温室効果ガスを第一約束期間である2008～2012年に1990年と比べて約5%削減すること」を要求しました．この削減目標は世界で初めてとなる取り決めで，国際社会が協力して地球温暖化に取り組む大切な一歩となったのです．京都議定書は，国ごとにも温室効果ガス排出量の削減目標を定めました（図11-1）．京都議定書で日本に課された目標は，「第一約束期間の排出量を1990年よりも6%削減」でした．京都議定書は発展途上国には削減義務を求めていません．この理由は「歴史的に排出してきた責任のある先進国が，最初に削減を行うべき」だからです．日本は第一約束期間である2008～2012年の排出量削減目標は達成しましたが，発展途上国に削減義務が課されていないことを不服として2013～2020年の第二約束期は不参加でした．また，アメリカは2001年3月に京都議定書からの離脱を宣言したのですが，その理由の1つが「京都議定書には発展途上国に対する温室効果ガスの削減義務がない」ことでした．京都議定書は「先進国だけ」に排出削減目標を課したのですが，先進国の排出削減だけでは温室効果ガスは減らせないのです！

図11-2は1990～2018年における国ごとのエネルギー起源（つまり化石燃料由来）の二酸化炭素排出量の推移を示したグラフです．このグラフには日本とアメリカ・EU（イギリスも含む）・インド・中国・ロシアの値を示しています．1990年代はアメリカが排出量第1位で2位がEUと先進国の排出量の多さが目立ちます．2000年代後半になるとアメリカを抜いて中国が排出量1位になっており，また発展途上国であるインドの排出量も近年増えていることがわかります．先進国が温室効果ガスの排出を減らしても，発展途上国の排出量が増えてしまったら意味がないのです．発展途上

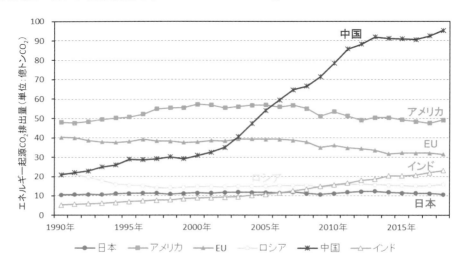

図11-2 エネルギー起源の二酸化炭素（CO₂）排出量の国ごとの推移
日本とアメリカ・EU（イギリスも含む）・インド・中国・ロシアの1990～2018年における値を示している（単位は億トンCO₂）．データは国際エネルギー機関（IEA）「CO₂ EMISSIONS FROM FUEL COMBUSTION」2020 EDITIONを基に環境省が作成したもの．

第 11 章　地球温暖化に対する国際的な取り組み

国は「自分たちも先進国と同じように温室効果ガスを排出して国を発展させたい！」と考えており，「今まで散々温室効果ガスを排出して国を発展させてきた先進国だけが削減すべきだ」と主張していました．発展途上国にも温室効果ガスの削減義務を負わせたい先進国と，経済発展を優先するために温室効果ガスを削減したくない発展途上国の攻防戦が続きます．そして，2015 年の COP21 でこの攻防戦に決着が付くのです．

　経済発展を優先したい発展途上国は一丸となって発展途上国の温室効果ガスの排出削減を拒否してきたのですが，2009 年にデンマークのコペンハーゲンで開催された COP15 でアフリカのスーダン共和国の代表が「産業革命前からの気温上昇を 1.5 ℃以内に抑えないと，アフリカ諸国は致命的な被害を受ける」と強く主張し，一枚岩だった発展途上国の間で明らかな意見の対立が初めて見られたのです．そして，ついにフランスのパリで開催された COP21 で地球温暖化の影響を受けている発展途上国の国々が温室効果ガスの排出削減に合意したのです．このことにより，温室効果ガスの排出量第 1 位の中国や，排出量が増えているインドも削減に合意しました．パリ協定には京都議定書を離脱したアメリカも合意しています．COP21 で合意に至った「パリ協定」は，先進国と発展途上国がともに温室効果ガスの削減を約束するという歴史的なものとなったのです．

　インドはパリ協定の合意にはじめは難色を示したのですが，COP21 開催中にインドは地球温暖化の影響とみられるある気象災害に見舞われました．それは，洪水です．インド南東部のチェンナイ周辺で，2015 年 11 月上旬から断続的に大雨となりました．チェンナイにおける 11 月 1 日～12 月 6 日の 36 日間の降水量の合計値は 1,480 mm を超えました．これは，いつもの 11 月～12 月の 2 か月間の降水量の約 2.8 倍です（データは気象庁より）．インド災害管理局の情報によると，この大雨による死者は 12 月 3 日までに 260 人以上になりました．第 10 章でお話したように，気温上昇により空気が含むことのできる最大の水蒸気量が増えるため大雨の発生が増加します．インドは COP21 開催中に地球温暖化の影響による異常気象の被害を受けたことで，温室効果ガス排出削減の同意へ舵を切ったわけです．

　では，パリ協定の話に戻ります．パリ協定で決まった重要なことは 2 つです．1 つ目は，「先進国・発展途上国問わず，世界の全ての国が地球温暖化対策に取り組む，つまり「温室効果ガスの排出を減らすこと」です．先ほどもお話しした様に，先進国と発展途上国がともに温室効果ガスの排出を減らすというのがとても意味のあることです．2 つ目は，「世界の気温上昇を産業革命前から 2 ℃，できれば 1.5 ℃未満に抑え，今世紀末には温室効果ガスの排出をゼロにすることを目標とする」です．パリ協定では，産業革命前からの気温上昇をできれば 1.5 ℃未満としているのですが，ではなぜ「1.5 ℃」なのでしょうか？

2. 私たちの努力で未来の地球は変わる！

1）産業革命前からの気温上昇が 1.5 ℃と 2 ℃では全く違う未来に

　産業革命前からの気温上昇を 1.5 ℃に抑えるのと 2 ℃まで上昇するのとでは，地球と人間への影響がまるで違うのです．例えば，産業革命前からの気温上昇が 1.5 ℃の場合，世界の人口の約 14 ％が少なくとも 5 年に 1 回の頻度で激しい熱波にさらされると予測されていますが，気温上昇が 2 ℃だとその数字は世界の人口の 37 ％に跳ね上がるのです（Buis 2019）．また，国連は気温上昇を 2 ℃ではなく 1.5 ℃に食い止めることができれば，気候変動の影響を受ける人の数は 4 億 2,000 万人減ると見ています（国際連合広報センター 2018）．人間以外の生物への影響も＋ 1.5 ℃と＋ 2 ℃では異なります．産業革命前からの気温上昇が 2 ℃だと生息域の半分以上を失う種の割合が植物で 16 ％・昆虫で 18 ％ですが，＋ 1.5 ℃だとその影響は半分以下になります．また，2 ℃上昇だとサンゴは絶滅しますが，1.5 ℃上昇であれば

10～30％は生き残ると見られているのです（IPCC 2018）．

第10章で気温上昇により北極海の海氷面積が減少しているという話をしました．北極海の海氷は9月に面積が最小になるということも学びましたよね？今世紀末の気温上昇がだいたい1.5℃くらいだと9月に海氷は見られると予測されているのですが，気温上昇が2℃を超えると21世紀末には9月に北極海の海氷は消失すると予測されているのです（文部科学省及び気象庁 2022）．このように，今後気温が何℃上昇するのかによって，地球への影響は大きく変わってくるのです．

2）パリ協定後の地球温暖化対策は進んだのか？

コロナウイルス感染症拡大の影響により開催予定から1年後の2021年10月31日～11月13日にかけてイギリスのグラスゴーで開催されたCOP26では，「1.5℃に抑える努力を追求する」と「1.5℃」を強調した「グラスゴー気候合意」が採択されました．パリ協定では努力目標にすぎなかった「1.5℃」がCOP26で事実上の共通目標に前進したのですが，国連環境計画（UNEP）は現在各国が掲げている温室効果ガスの削減目標を達成したとしても，世界の平均気温は今世紀中に産業革命前よりも2.5～2.9℃上昇するという見通しを示しています（UNEP 2023）．全ての国が温室効果ガスの排出削減を加速させる必要があるのです．

COP26で決まった重要なことがもう1つあります．それは，石炭火力発電の段階的な削減です．実は，石炭は他の化石燃料と比べて燃焼時に二酸化炭素の排出量が多いという問題があります．COP26では「石炭火力の段階的な廃止」に合意できず「段階的な削減」にとどまったのですが，2023年11月30日～12月13日にアラブ首長国連邦のドバイで開催されたCOP28では，最終的に「化石燃料からの脱却を進める」ことで合意しました．COP28では化石燃料の「段階的な廃止」を強く求める国もあったのですが，化石燃料に経済を依存する産油国などが受け入れず交渉が難航し会議が1日延長されました．最終的に「化石燃料からの脱却」となりましたが，石炭だけではなく「化石燃料」という言葉が入ったことに意味があるのです．

3. 身近にできる地球温暖化対策

1）再生可能エネルギーとは？

再生可能エネルギーとは，太陽光・風力・水力・地熱といった自然界に常に存在するエネルギーのことです．再生可能エネルギーは温室効果ガスを排出しないため気温上昇の抑制に有効であるとともに，どこにでも存在するという特徴があります．また，国産のエネルギー源であるため，化石燃料のほとんどを海外に依存している日本にとってエネルギー自給率の改善にも寄与することができるのです．

図11-3は2010～2018年度における日本の電源構成の推移を示した図です．「電源構成」とは，「電力を作るエネルギーの種類で分類した発電設備の割合」のことです．2011年3月に発生した東日本大震災後には原子力が減り，石油とLNG（液化天然ガス；Liquefied Natural Gasの略）が増えています．石油・LNG・石炭は化石燃料です．2017年度に日本で発電に占める再生可能エネルギーの比率（図11-3の水力＋再エネを合わせた値）は約16％でした．2018年度における再生可能エネルギーの比率約17％と増えてはいますが，2018年度の日本の化石燃料の依存度は77％です．2021年度における日本の発電電力量に占める再生可能エネルギーの比率は約20.3％です．国土面積あたりの日本の太陽光導入容量は主要国の中で最大級ですが，スペイン（46.3％）やイタリア（40.3％）などの他の先進国と比べると日本の再生可能エネルギーの比率は低い水準にあります．再生可能エネルギーの大量導入には，再生可能エネルギーの発電コストを下げていく必要があります．世界では，再生可能エネルギーの発電コストは急速に低下しています．日本でも技術開発など

第 11 章　地球温暖化に対する国際的な取り組み　　71

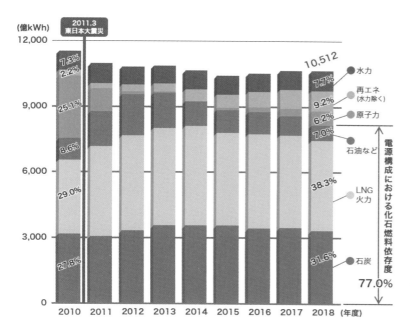

図 11-3　2010～2018 年度における日本の電源構成の推移
資源エネルギー庁のホームページより
（https://www.enecho.meti.go.jp/about/special/shared/img/7aziz-2ke0dcw5.png）．

によってコスト低減を図っていくことが重要なのです．

2）寝てもできる！　地球温暖化対策

　もちろん再生可能エネルギーの利用を増やすことも重要ですが，私たちが身近なところで地球温暖化対策を行うことも重要です．皆さんに「寝てもできる地球温暖化対策」についてご紹介します．①使っていない時は完全に電源を切ろう，②森林を守るために紙の請求書ではなくオンラインかモバイルで支払おう，③古い電気機器から省エネ型機種や電球に取り替えよう，④エアコンの温度を冬は低めで夏は高めに設定しよう．4 番目のエアコンの温度設定ですが，健康第一なので冬には風邪を引かない程度に，そして夏には熱中症にならないように行ってくださいね．上記に示した対策については QR コードで示した「持続可能な社会のために　ナマケモノにもできるアクション・ガイド」（国連のサイト）にありますので参考にしてください．実は，地球温暖化対策は節約にもなるのです．例えば「冷蔵庫の無駄な開け閉めをやめる」とか，「お風呂は間隔を開けずに次々入る」，「主電源をオフにする（プラグを抜く）」

など，日常のちょっとしたことが地球温暖化対策になります．QR コードに示した「家庭でできる温暖化対策と二酸化炭素削減効果」に日常生活でできる地球温暖化対策と，その対策を行うとどれくらい二酸化炭素排出量を減らせて節約にもなるのかが示されています．地球温暖化対策は地球にもお財布にも優しいので，皆さんもこちらのサイトを見て，どれくらい二酸化炭素の排出を減らせてどれくらい節約になるのかを計算してみてくださいね．

持続可能な社会のためにナマケモノにもできるアクション・ガイド

家庭でできる温暖化対策と二酸化炭素削減効果

第12章 エルニーニョ現象と世界の天候

ペルーでアンチョビが獲れなくなると日本は冷夏？

　エルニーニョ現象は日本から遠く離れた熱帯太平洋つまり熱帯の海で発生する現象です．私の似顔絵では，私がチョウチョになってお花畑を飛んでいますが，エルニーニョ現象が発生するとある砂漠にお花畑が出現するのです．なぜ，そしてどうやって砂漠にお花畑が現れるのかについてこの章でお話しするとともに，エルニーニョ現象が遠く離れた日本の天候に及ぼす影響についても皆さんに知ってもらいたいと思っています！

1．エルニーニョ現象はどんな現象？
1）エルニーニョ現象はどこで発生するのか？

　先ほどもお話ししたように，**エルニーニョ現象は海で起こる現象です**．海で起こるエルニーニョ現象は大気に影響します．エルニーニョ現象を知るには，まずは熱帯太平洋の西部・中部・東部の位置を皆さんに知ってもらう必要があります．図12-1を見てください．日本は太平洋に位置しているのですが，日本の南のインドネシア付近が「熱帯太平洋西部」です．そして，南米大陸のペルーやエクアドルに近い海が「熱帯太平洋東部」です．そして，熱帯太平洋西部と東部の間が「熱帯太平洋中部」です．これからこの章で熱帯太平洋の西部・中部・東部という言葉が出て来た際には，この地図を思い浮かべてくださいね．

　口絵6はエルニーニョ現象と**ラニーニャ現象**が発生した際の海面水温の分布を示しています．第6章でも説明しましたが，海面水温は海の表面の水の温度です．口絵6（a）はエルニーニョ現象が発生していた2016年1月の海面水温の分布図で，値は1981～2010年の30年平均値からの差です．いつよりも海面水温が高いところが赤，低いところが青で示されています．南米大陸のペルーやエクアドルに近い熱帯太平洋東部と熱帯太平洋中部が赤になっていて，いつよりも海面水温が高いことがわかります．このように，**エルニーニョ現象は熱帯太平洋の中部と東部でいつもよりも海面水温が高くなる現象です**．

　口絵6（b）は，ラニーニャ現象が発生していた2010年8月の海面水温を示しています．エルニーニョ現象とは逆に熱帯太平洋の中部と東部の海面水温が青になっていて，この領域でいつもよりも海面水温が低いことがわかります．**ラニーニャ現象はエルニーニョ現象とは逆に，熱帯太平洋の中・東部で海面水温がいつもより低くなる現象です**．大気と海洋はお互いに影響を及ぼし合っています．熱帯太平洋の中部・東部つまり「海」で発生するエルニーニョ・ラニーニャ現象は，大気に影響を及ぼすのです！

2）熱帯太平洋では暖かい表面の海水が西に追いやられている

　では，エルニーニョ・ラニーニャ現象が発生し

図12-1　熱帯太平洋西部・中部・東部の説明図

第12章 エルニーニョ現象と世界の天候　73

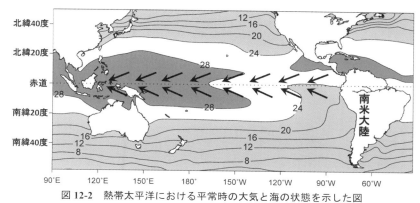

図 12-2　熱帯太平洋における平常時の大気と海の状態を示した図
1981～2010年における11月の海面水温の平均値．黒線は海面水温が等しい部分を結んだ「等温線」で，黒線に付いている数字は海面水温の値．海面水温が28℃以上の領域は濃いグレーで，24℃以下の領域は薄いグレーで示している．矢印は赤道付近を吹く貿易風を模式図的に示したもの．データはERSST v4 (Huang et al. 2015) を使用．

ていない「平常時」の熱帯太平洋の状態について見ていきましょう（図12-2）．熱帯太平洋では図に矢印で示してあるように，東よりの風である貿易風が吹いています（北半球では北東貿易風，南半球では南東貿易風；図5-1参照）．日射をたくさん受け取る熱帯では海の表面の海水が暖められるため，熱帯太平洋の海面水温は高いです．この表面の暖かい海水は貿易風により西へ追いやられるので，熱帯太平洋西部のインドネシア付近では暖かい海水が蓄積します．熱帯太平洋西部の海面水温は濃いグレーで示した28℃以上と高いことがわかります．一方，熱帯太平洋東部は薄いグレーで示した24℃以下と低いです．貿易風によって海の表面の暖かい海水が西に追いやられるというのは，私がでっかーいドライヤーを持って南米大陸に立ち，熱帯太平洋西部に向かってドライヤーの風を当てているようなイメージです．

では，次に熱帯太平洋の表面から深いところの海水温について見ていきましょう．図12-3は熱帯太平洋の海の断面図です．図の左側がインドネシア付近の熱帯太平洋西部で，右側が南米大陸に近い熱帯太平洋東部です．図の上が海の表面つまり「表層」で，下が深いところつまり「深層」です．グレーの色が薄いと海水の温度が高く，濃いほど海水の温度が低いことを示します．先ほどお話しした様に，熱帯太平洋を吹く貿易風によって表面

の暖かい海水が西に追いやられるため，熱帯太平洋西部の表層には暖かい海水が蓄積します．一方，熱帯太平洋東部の表層の海水温は濃いグレーで示されていて，海面水温が低いことがわかります．平常時の熱帯太平洋では，先ほどお話ししたように西部で海面水温が高く東部で低いです．熱帯太平洋の東部で海面水温が低い理由は，「湧昇」です．貿易風により表層の海水が無くなってしまった熱帯太平洋東部では，海水を補うために海の深いところから冷たい海水が湧き上がってきます．この現象を湧昇と言います．熱帯太平洋東部では湧昇が起こっているため，海面水温が低いのです．図12-3に示したQRコードに湧昇の実験動画があります．湧昇を理解するのに役立つと思うので，ぜ

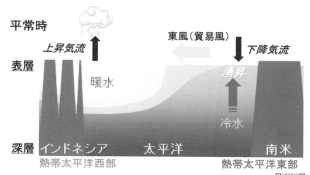

湧昇の実験動画．スマホで視聴できない場合はパソコンで再生してね（サイトの一番下の「実験映像を見る」をクリック．音が出るので注意！）→

図 12-3　熱帯太平洋における平常時の海の断面と大気の状態を示した模式図
気象庁のホームページより（一部改変）．

ひ見てくださいね．

3）海面水温が違うと全く違う気候に！

　海面水温の違いは気候に影響します．今お話ししたように熱帯太平洋では海面水温の分布が東西で違うため，熱帯太平洋の西部と東部は全く違う気候なのです．貿易風により表層に暖かい海水が蓄積する西部では，海から大気に水蒸気が供給され上昇気流が起き積乱雲が発生します（図 12-3 参照）．積乱雲から雨が降るため，熱帯太平洋西部は「湿潤な気候」です．これに対して，湧昇により海面水温が低い東部では下降気流があり雲ができにくく，「乾燥した気候」になります．

　図 12-4 に熱帯太平洋東部の沿岸に位置するペルーのピウラと，熱帯太平洋西部に位置するインドネシアのマカッサルの 1～12 月の月合計降水量を示しました（値は 1991～2020 年平均値）．マカッサルは降水量が 600 mm を超える月が見られる湿潤な地域ですが，ピウラは雨が少なく一番降水量が多い月でも約 30 mm と乾燥しています．マカッサルとピウラはともに南緯 5 度付近に位置しています．第 3 章で気候は基本的に緯度で決まるとお話ししましたが，熱帯太平洋の西部と東部では海面水温が違うため気候が全く異なるのです！

4）「エルニーニョ」の語源

　海の深いところから冷たくて栄養たっぷりの海水が上がってくる湧昇がある熱帯太平洋東部は，プランクトンが豊富でそれを食べる魚が集まるため良い漁場です．熱帯太平洋東部に位置するペルー沖ではアンチョビがよくとれます．アンチョビの缶詰の産地に「ペルー」と書いてあるのを見かけます．良い漁場であるペルー沖では，毎年クリスマスごろになると海面水温が上昇して魚が捕れなくなります．これは毎年発生する通常の季節変化です．地元の漁民はこのクリスマスごろに発生する海面水温が上昇する現象をスペイン語で幼子イエスキリストを表す「**El Niño**（エルニーニョ）」と呼んでいました（英語だと The Boy や The Child にあたる）．ちなみに，「El」も「Niño」も最初のアルファベットが大文字だと「幼子イエスキリスト」を意味しますが，小文字だと「一般の男の子」を指します．

　クリスマス頃に発生する海面水温の上昇は 3 カ月くらいでもとに戻るのですが，数年に一度ペルー沖だけではなくもっと広い領域にわたって海面水温が上昇し，しかも海面水温の上昇が半年～1 年半以上続く現象が発生することがあります．これが次第に「エルニーニョ現象」と呼ばれ

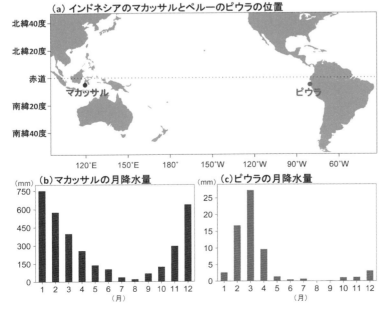

図 12-4　インドネシアとペルーの降水量を比較した図
(a) インドネシアのマカッサルとペルーのピウラの位置．
(b) マカッサルの月降水量．
(c) ピウラの月降水量．

マカッサルとピウラはともに南緯 5 度付近に位置している．降水量は 1991～2020 年の 30 年平均値．データは気象庁より．

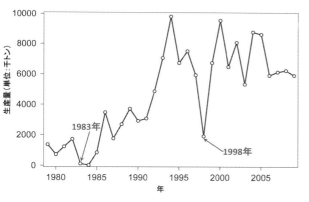

図12-5　ペルーにおけるアンチョビ生産量の推移
1979～2009年の値を示している．1983年と1998年には強いエルニーニョ現象であるスーパーエルニーニョが発生していた．データはFAO（2009）より．

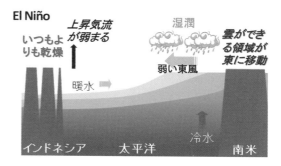

図12-6　エルニーニョ・ラニーニャ現象時の海の断面と大気の状態を示した模式図
（上）エルニーニョ現象時，
（下）ラニーニャ現象時．
気象庁のホームページより（一部改変）．

るようになったのです．エルニーニョ現象が発生するとペルーのアンチョビ生産量は減ります．図12-5はペルーにおけるアンチョビ生産量のグラフです．強いエルニーニョ現象である「**スーパーエルニーニョ**」が発生していた1983年と1998年に生産量が激減していることがわかります．スーパーエルニーニョの話はまた後で出てきます．

2．エルニーニョ現象が大気に及ぼす影響

1）エルニーニョ・ラニーニャ現象時の熱帯太平洋の大気と海洋の特徴

　図12-6（上）にエルニーニョ現象発生時の大気と海の特徴を示しました．平常時の熱帯太平洋では貿易風が吹いていて，海の表層の暖かい海水が西へと追いやられます（図12-3参照）．エルニーニョ現象発生時には暖かい海水を西に追いやる貿易風が弱まるため，熱帯太平洋西部に蓄積していた暖かい海水が東に向かって移動します．「平常時の熱帯太平洋では暖かい海水が蓄積している西部で積乱雲ができて雨が降る」とお話ししましたが，エルニーニョ現象発生時には暖かい海水が東に移動するのに伴って雨が降る領域も東に移動します．このため，いつもは湿潤な熱帯太平洋西部では上昇気流が弱まり乾燥し，いつもは乾燥している熱帯太平洋東部で雨が多く湿潤となるのです．

　ラニーニャ現象はエルニーニョ現象とは逆に，熱帯太平洋の中部と東部でいつもよりも海面水温が低くなる現象です．ラニーニャ現象はエルニーニョ現象の反対現象なので，スペイン語で女の子を意味する「**La Niña（ラニーニャ）**」と名付けられました．ラニーニャ現象発生時には，エルニーニョ現象とは逆にいつもよりも貿易風が強く，表面の暖かい海水がいつもよりもたくさん西部に蓄積されます（図12-6（下））．このため西部で上昇気流が強まり，いつもよりも雲がたくさんできて雨がたくさん降ります．一方，強い貿易風によりいつも以上に表面の暖かい海水がたくさん持っていかれた東部では湧昇が強化し，海面水温がより低くなりいつもよりも乾燥します．

2）エルニーニョ現象が発生すると砂漠にお花畑が！？

　表12-1に1949年以降のエルニーニョ現象の発生期間を示しました．表には発生期間ごとに，エルニーニョ現象の定義に用いられる指数の最大値

表 12-1　エルニーニョ現象の発生期間（季節単位）

エルニーニョ現象の発生期間	季節数	発生期間における指数の最大値
1951 年夏～1951/52 年冬	3	+1.7
1953 年春～1953 年秋	3	+1.0
1957 年春～1958 年夏	6	+1.8
1963 年夏～1963/64 年冬	3	+1.3
1965 年春～1965/66 年冬	4	+1.7
1968 年秋～1969/70 年冬	6	+1.2
1972 年春～1973 年春	5	+2.6
1976 年夏～1977 年春	4	+1.3
1979 年秋～1979/80 年冬	2	+0.8
1982 年春～1983 年秋	7	+3.2
1986 年秋～1987/88 年冬	6	+1.8
1991 年春～1992 年夏	6	+1.6
1993 年春～1993 年秋	3	+1.3
1997 年春～1998 年夏	6	+3.6
2002 年春～2002/03 年冬	4	+1.4
2009 年夏～2010 年春	4	+1.4
2014 年春～2016 年春	9	+3.1
2018 年秋～2019 年春	3	+1.1
2023 年春～2024 年春	5	+2.3

「季節数」は個々の現象の発生期間の長さを表し，「発生期間における指数の最大値」はエルニーニョ現象の発生を定義するのに用いられる指数の発生期間ごとの最大値を示す．グレーのアミ掛けは強いエルニーニョ現象であるスーパーエルニーニョを示す．データは気象庁のホームページより．

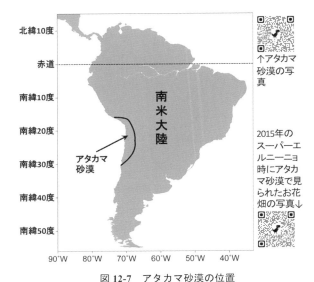

図 12-7　アタカマ砂漠の位置
黒で囲った部分がアタカマ砂漠の領域を示す．

も示しています．指数の最大値が大きいほど，強いエルニーニョ現象が発生していることを意味します．グレーの斜がかかっているのは強いエルニーニョ現象であるスーパーエルニーニョで，指数の最大値が大きいことがわかります．1949 年以降，スーパーエルニーニョは 4 回発生しています．

エルニーニョ現象が発生すると熱帯太平洋東部の降水量が増えるとお話ししたのですが，スーパーエルニーニョ時にはものすごく降水量が増えます．熱帯太平洋東部の沿岸に位置するピウラの降水量をもう一度見てください（図 12-4（c））．ピウラで雨が多い 12～4 月の合計降水量は 60 mm くらいです．1997～1998 年のスーパーエルニーニョの時には，12～4 月になんと 1,802 mm も雨が降ったのです（Takahashi 2004）．これはいつもの年の 30 倍です！

スーパーエルニーニョ時にたくさん雨が降ることで，熱帯太平洋東部の沿岸部のある場所で面白い現象が起こります．それが「砂漠のお花畑」です．

図 12-7 はアタカマ砂漠の位置を示した地図です．アタカマ砂漠は南米大陸の熱帯太平洋東部沿岸に位置する砂漠です（アタカマ砂漠の領域は熱帯よりもさらに南の領域にも広がっていますが，ここでは「アタカマ砂漠は熱帯太平洋東部沿岸に位置する」と表現します）．アタカマ砂漠は年降水量が 5 mm に満たないとても乾燥した砂漠で，いつもは草木がほとんど見られません（図 12-7 上の QR コードのサイト参照）．スーパーエルニーニョが発生していた 2015 年には，熱帯太平洋東部の沿岸に位置するアタカマ砂漠でもたくさん雨が降りました．（1 日で年降水量の 4 倍以上の雨が降ったところもあった）．これにより，お花畑が出現したのです（図 12-7 下の QR コードのサイト参照）．なぜ，砂漠に花が咲くのでしょうか？

エルニーニョ現象は 2～7 年間隔で不定期に発生します．スーパーエルニーニョほどの規模ではありませんが，エルニーニョ現象が発生し雨が降るとアタカマ砂漠にはお花畑が出現します．やがて花は枯れ，種を土の中に残します．再びエルニーニョ現象が発生し，待望の雨が降ると土の中に残された種が一斉に花を咲かせます．そして，花が枯れるとまた種が土の中で次の雨を待つのです．生き物の力はすごいですよね！

3) エルニーニョ・ラニーニャ現象の日本と世界の天候への影響

図12-8にエルニーニョ・ラニーニャ現象発生時の世界の夏（6～8月）の天候の傾向を示しました．熱帯太平洋から遠く離れた地域にも，エルニーニョ・ラニーニャ現象の影響が見られることがわかります．

日本では，エルニーニョ現象が発生すると夏の暑さをもたらす太平洋高気圧（図7-5参照）が弱まるため気温が低い傾向です．逆にラニーニャ現象発生時には太平洋高気圧が日本付近に張り出すので，気温が高くなる傾向にあります．また，エルニーニョ現象時には西高東低の気圧配置（図7-1）が弱まるため，日本は暖冬傾向です．ラニーニャ現象発生時には逆に西高東低の気圧配置が強まり，日本は低温傾向となります．ということで，ラニーニャ現象の方が夏は暑く冬は寒いという厳しい天候となる傾向にあります．ただ，エルニーニョ・ラニーニャ現象発生時に見られる天候はあくまで「傾向」であって，必ずしもそうなるとは限りません．これは，エルニーニョ・ラニーニャ現象以外の影響も加わるからです（第10章で学んだバレンツ海の海氷面積など）．

図12-8では夏の天候のみを示していますが，他の季節の天候の特徴についても図に示したQRコードにあります．エルニーニョ・ラニーニャ現象に伴い世界でどのような天候が見られるのか，チェックしてみてくださいね．

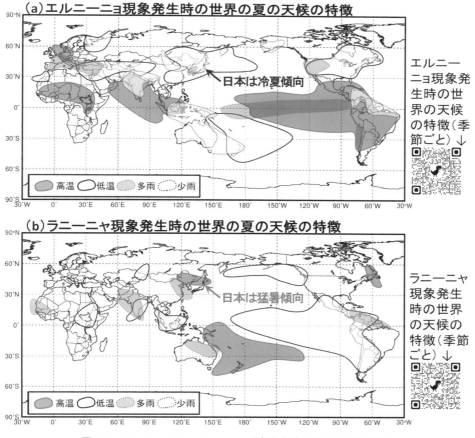

図12-8 エルニーニョ・ラニーニャ現象発生時の世界の天候の特徴
(a) エルニーニョ現象発生時の夏の世界の天候の特徴，
(b) ラニーニャ現象発生時の夏の世界の天候の特徴．
気象庁のホームページより（一部改変）．

第13章 ヒートアイランド現象

なぜ東京の夏は暑いのか？

　この章の似顔絵は，私が真夏に気象観測を行う時の服装です．帽子をかぶって，首に冷却タオルを巻きます．夏の暑い日に緑の多いところにいくと「涼しい」と感じませんか？　真夏に新宿御苑で気象観測を行ったことがあるのですが，周りよりも涼しいと感じました．この章では，「ヒートアイランド現象」とはどのような現象でなぜ都市の夏は暑いのかについてと，なぜ都市の緑地は涼しいのかについてお話ししたいと思います！

1. ヒートアイランド現象とは？

　ヒートアイランド現象とは，都市の気温が周囲よりも高くなる現象のことです．図 13-1 では，黒い線が大都市である東京・大阪・名古屋の 3 地点で平均した年平均気温の変化を示しています．グレーの線は都市化の影響が比較的小さいと見られる 15 地点の平均値です．地球温暖化が進むにつれて大都市の気温も 15 地点の気温も上昇していますが，1950 年代後半以降に大都市の気温が特に上昇しているのがわかると思います．地球の平均気温は 20 世紀の 100 年間で 0.7 ℃上昇しているのに対して（第 9 章参照），東京都心部の気温は 100 年間で約 3 ℃も上昇しているのです！地球温暖化とヒートアイランド現象はともに人間活動が原因という共通点はありますが，気温上昇の仕組みは全く異なります．

　では，ヒートアイランド現象はなぜ「ヒートアイランド」と呼ばれるのでしょうか？　図 13-2 は 2013 年 8 月 11 日午前 5 時における関東地方の気温分布を示しています．東京都心を中心に，気温が特に高いことを示すグレーの領域が広がっています．このように，気温の分布図を描くと高温域が都市を中心に島のような形になることから英語で「熱の島」を意味する「ヒートアイランド」

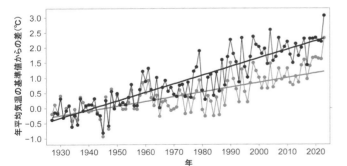

図 13-1　日本の大都市と都市化の影響が小さい 15 地点の気温の変化（1927 〜 2023 年）
黒い線が大都市（東京・名古屋・大阪の 3 地点），グレーの線が都市化の影響が比較的小さいと見られる 15 地点（網走・根室・寿都・山形・石巻・伏木・飯田・銚子・境・浜田・彦根・多度津・宮崎・名瀬・石垣島）で平均した年平均気温を示している．直線は長期的な傾向を示す．値は基準値（1927 〜 1956 年平均値）からの差．データは気象庁より．

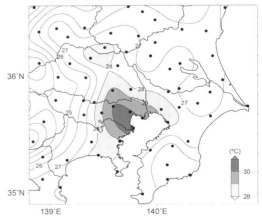

図 13-2　関東地方における 2013 年 8 月 11 日午前 5 時の気温分布
黒線は気温が等しいところを結んだ等温線（等温線は 1 ℃間隔で描かれている）．28 ℃以上の領域をグレーで示した．黒丸は観測地点の位置を示す．気温データは気象庁より．

と呼ばれるのです．ヒートアイランド現象の原因は，「都市がそこに存在するから」なのです．

2．ヒートアイランド現象の4つの要因

では，なぜ都市が気温上昇を引き起こすのでしょうか？　ここから，ヒートアイランド現象の4つの要因についてお話ししていきます！

1）地面を覆うアスファルトが都市を暖める

都市では，地面は土ではなくアスファルトで舗装されていますよね？　1つ目の要因は「**地表面被覆の人工化**」です．夏の暑い日に「上からの日射と下から来るアスファルトの熱が暑いよ」と思いますよね？　都市の表面を覆っているアスファルトのような人工被覆は，土や草に覆われている場所に比べて日射によって一度暖められると長い時間熱を保ったままになります（図13-3）．アスファルトは日中に蓄積した熱を夜になっても大気に放出し続けるため，都市では夜間の気温が下がらず**熱帯夜**が多くなります（熱帯夜の話は後で）．

口絵7の左は上空から見た新宿・渋谷エリアの写真です．ビルが密集していますよね？　新宿・渋谷エリアには新宿御苑と明治神宮／代々木公園という大規模な緑地が存在します．口絵7の右は夏の日中の地面の温度を示しています．コンクリートやアスファルトは日中に日射を吸収し地表面温度が40℃を超える高温になりますが，緑地の地表面温度は30℃くらいです．後でまたお話ししますが，都市の夏の気温上昇を抑えるために緑地はとても重要です．

2）暑くてエアコンを強めると 　　都市はさらに暑くなる!?

都市ではビルや住宅で使用されるエアコンや車，そして工場から熱がたくさん出ています（図13-3）．この熱が「**人工排熱**」です．人工排熱が都市の空気を暖めます．東京23区で1年に排出される人工排熱の量は，東京が受け取る日射のエネルギーの20％近くに達しています．東京都

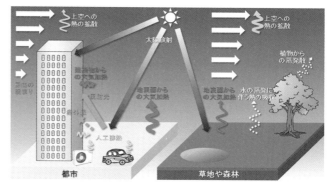

図13-3　ヒートアイランド現象の仕組みを示した概念図
気象庁のホームページより．

心では，東京が1年に受け取る日射量に匹敵するエネルギーを排出しているところもあるのです（Mikami 2023）．平日の都心部では，人々が働いている日中から夕方にかけて人工排熱が多くなり気温が上昇します．そして，暑いのでエアコンの設定温度を下げることになり，さらに人工排熱を出します．そして人工排熱により都市の気温がさらに上昇する…という悪循環になるのです．

3）ビルが密集する地域では熱が逃げにくい

「**天空率**」とは，上を見上げた際にどれくらい空が見えるのかの割合です．田んぼや畑が広がる田園で空を見上げると空が良く見えますが，例えば東京駅周辺のようなビルが密集している地域で空を見上げても空はあまり見えないですよね？　アスファルトは日中に日射により得た熱を夜間まで保持します．先ほどお話ししたように，夜にアスファルトは熱を出し続け，空気を暖めます．天空率が低い都市では，地面からの熱が宇宙空間に出ていきにくくなるのです（図13-4）．

物が外へ熱を出すことを「**放射**」と言います（第3章で出て来た太陽放射は太陽が熱を外に出すから「太陽放射」）．夜間に熱を保持するアスファルトで地面が覆われていても，天空率が高いと地面からの放射が進むため地面の温度が下がります．そうすると，地面付近の気温も下がるのです．一方，高いビルが密集した都心では天空率が低いです．天空率が低いと，地面からの熱が宇宙空間に

図 13-4 天空率と放射の関係
環境省 (2009) より (一部改変).

表 13-1 熱帯夜の長期変化傾向
(1927 〜 2023 年)

地点	熱帯夜 (日 /100 年)
札幌	1
仙台	7
横浜	34
名古屋	39
京都	39
福岡	49
13 地点平均	19

値は 100 年あたりの変化率を示す．単位は日．データは気象庁より．

逃げにくくなります．そして，日中に蓄えた熱を明け方まで持ち越しやすくなるのです．都市では天空率が低いため，地面付近の気温が下がらず夜でも気温が高い状態が続きます．

4) 都市には緑が少ない！

夏の暑い日に緑が生い茂る公園に行くと，涼しいと感じますよね？　緑地では，気温が上がる日中でも「蒸散」により気温が上がりにくいのです．蒸散とは「植物体内の水が水蒸気となって空気中に出ていく現象」です．口絵 7 をもう一度見てください．都内にある大規模緑地は周辺よりも表面温度と気温が低いです．緑地では蒸散と樹木が日陰を作ってくれることにより，日中の気温が周辺よりも低くなります（もちろん夜間の気温も低い）．

皆さん，第 4 章で学んだ内容を思い出してください．水が水蒸気に変わる「蒸発」が起こる際には，周りの空気から潜熱を吸収します（図 4-1）．緑地では，葉っぱの中にある水分が蒸発する際に周りの空気から熱を吸収するため気温が下がります．都市では，気温を下げる効果がある緑地が減少しているのです．

3. ヒートアイランド現象の影響

1) 寝苦しい熱帯夜の増加

都市では夏に「日中の気温が高いこと」が注目されがちなのですが，実は都市化の影響は日最低気温（つまり 1 日で一番低い気温）に強く見られます．都市化が進むと，1 日で一番高い気温である日最高気温よりも，日最低気温の上昇率が大きくなります．つまり，夏の都市は夜になっても気温が下がらず，寝苦しい夜を過ごすことになるのです．

表 13-1 は東京以外の大都市における熱帯夜の長期的な変化傾向を示したものです．熱帯夜とは「夕方から翌日の朝までの最低気温が 25 ℃以上になる夜」のことです．表の数字は 100 年あたり何日の割合で熱帯夜が増えているのかを示しています．札幌はもともと熱帯夜の発生がとても少ないので発生頻度にあまり変化はありませんが，関東以西の大都市では熱帯夜の増加が目立ちます．地球温暖化の影響により大都市以外でも熱帯夜は増加していますが，都市化の影響が小さいと見られる 13 地点の値と比較しても，大都市では熱帯夜の増加が顕著であることがわかります．

2) 都市における集中豪雨の増加

都市部で夏の午後から夜にかけて突然降り出す集中豪雨は「ゲリラ豪雨」とも呼ばれていて，ヒートアイランド現象との関連が指摘されています．図 13-5 は 1999 年 7 月 21 日の 1 時間降水量を示したものです．14 〜 15 時に降水が観測されたのは茨城県北東部の一部のみですが（図 13-5 (a)），15 〜 16 時になると練馬周辺の狭い範囲で 1 時間に 90 mm を超える猛烈な雨が降っています（図 13-5 (b)）．都内の他の場所では全く雨が降っていません．ちなみに，1 時間に 90 mm の雨というのは，1 時間傘を指していると傘に牛乳パック 90

(a) 14〜15時の1時間降水量

(b) 15〜16の1時間降水量

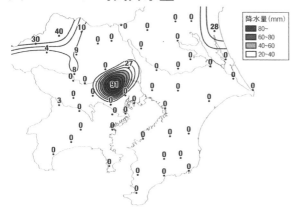

図 13-5　関東地方における 1999 年 7 月 21 日の降水量の変化
(a) 14 〜 15 時の 1 時間降水，(b) 15 〜 16 時の 1 時間降水量．三上岳彦著「都市型集中豪雨はなぜ起こる？」より（一部改変）．

本分の雨があたるくらいの強い雨です．都市の豪雨は「狭い範囲にとても激しい雨が短時間に降る」という特徴があります．第 4 章で学んだように，地上付近に暖かい空気があると大気の状態が不安定になります．都市の熱が都市で発生する集中豪雨の一因と考えられているのです．東京都心で夏の夕方から夜に発生する集中豪雨は，100 年当たり約 50％の割合で増加していることが明らかになっています（環境省 2009）．

ちなみに，ゲリラ豪雨は学術用語ではありません．一般にゲリラ豪雨と呼ばれる大雨は，気象庁では「局地的大雨」もしくは「集中豪雨」と呼ばれます．ゲリラ豪雨はマスコミが作った用語なのです．

4．ヒートアイランド現象を緩和するには？
1）クールアイランドとは？

大規模な緑地では，「クールアイランド」と呼ばれる冷たい空気（「冷気」という）の塊が形成されます（口絵 7 参照）．先ほどもお話ししたように，緑地は植物の蒸散や樹木が日陰を作ることにより温度上昇が抑えられ，周辺の市街地よりも気温が低くなります．緑地の冷気には，都市を冷やす効果があるのです．風がある日は，日中だけではなく夜〜早朝にかけても緑地の冷気は風によって市街地に運ばれます（図 13-6 左）．また，風がない

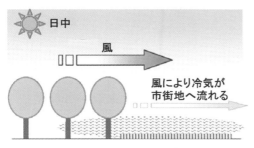

風により緑地の冷たい空気が周辺市街地に流れていく

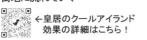
←皇居のクールアイランド効果の詳細はこちら！

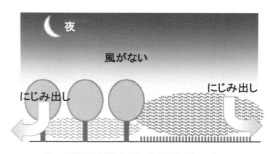

夜〜早朝の風がない時でも緑地に溜まった冷たい空気が市街地へにじみ出す．

図 13-6　都市の緑地から周辺市街地に冷たい空気が流れる様子を示した模式図
国総研第 730 号「ヒートアイランド対策に資する「風の道」を活用した都市づくりガイドライン」の「第 1 章 ヒートアイランド対策に資する「風の道」を活用した都市づくりガイドライン」より（https://www.nilim.go.jp/lab/bcg/siryou/tnn/tnn0730pdf/ks073006.pdf）．

夜〜早朝であっても，冷気が緑地からにじみ出すことで市街地を冷やすのです（図13-6右）．

都市に存在する大規模緑地は，ヒートアイランド現象を緩和する重要な存在です．都内にある大きな緑地である皇居にもクールアイランド効果があります．詳細を知りたい方は図13-6のQRコードにあるサイトを見てくださいね．

2）緑のカーテンと屋上緑化

建物の壁や窓などをアサガオやヘチマなどのつる性の植物で覆う「緑のカーテン」や，建物の屋上に植物を植える「屋上緑化」もヒートアイランド対策として有効です．皆さんは，学校に緑のカーテンがありましたよね？　人工物で出来た建物の壁や屋上は日中に日射により熱せられると夜になっても熱を放出するため，気温が下がりにくくなります．植物があると表面温度の上昇を抑えられ，蒸散により周辺の温度も下がります．また，窓に緑のカーテンがあると，室内に入って来る日射を遮り室内の温度上昇を和らげてくれます．

図13-7は霞が関にある国土交通省の建物の屋上庭園の表面温度を計測した結果です．13時の芝生の表面（B点）と緑が植えられていないタイル表面（A点）の温度差は14℃です．屋上に植物を植えることで，表面温度がかなり下がることがわかると思います．また，緑のカーテンの設置により，8月に日最高気温が観測される時間帯の室内気温が1.3〜2.1℃低下することも明らかになっています（鈴木ら 2016）．

ビルが建ち並ぶ「銀座」では，ヒートアイランド現象を緩和するために屋上緑化＆壁面緑化が行われています（図13-7のQRコード参照）．「銀座ハチミツプロジェクト」という都市養蜂の取り組みがあります．銀座のビルの屋上から飛び立ったミツバチが屋上庭園や街路樹，周辺の緑地（日比谷公園・皇居・浜離宮）で蜜を集めます．この活動が，都市緑化・屋上緑化のモチベーションとなっているのです．銀座はちみつを使った製品が店頭やネット販売されているので，興味のある方は検索してみてください．

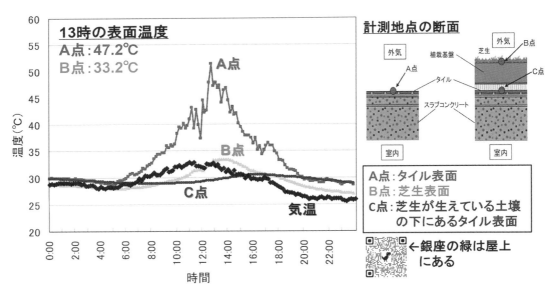

図13-7　国土交通省屋上庭園の緑化部分と非緑化部分の表面温度の違い
2008年8月9日に霞が関にある国土交通省の屋上庭園で表面温度を1時間ごとに測定した結果．A点はタイル表面，B点は芝生表面，C点は芝生が生えている土壌の下にあるタイル表面の温度を示す．グラフには気象庁が東京・大手町で観測した気温も示している．
国土交通省報道発表資料「空から見た霞が関の屋上緑化とその熱環境改善効果について－屋上緑化が熱い霞が関（ヒートアイランド）を冷やしている－」の添付資料を一部改変（https://www.mlit.go.jp/common/000022567.pdf）．

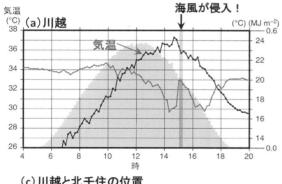
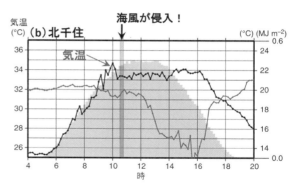

図 13-8　川越と北千住における 2006 年 8 月 4 日の気温の変化
(a) 川越と (b) 北千住の 2006 年 8 月 4 日の気温の変化を太い線で示し，グレーの長いバーは海風が侵入した時間を示す．(c) に川越と北千住の位置と，海風を矢印で模式図的に示した．(a) と (b) のグレーの線は露点温度で，グレーは日射量．「露点温度」とは水蒸気が凝結する温度のこと．提供：埼玉県環境科学国際センター大和広明博士（一部改変）．

3）海風が都市を冷やす！

　夏の日中に海から陸に向かって吹く冷たい風である「海風（うみかぜ）」には，日中に暑くなった都市を冷やす効果があります．図 13-8 は東京都の北千住と埼玉県の川越における 2006 年 8 月 4 日の気温変化を示したものです．北千住では午前中に海風が入ることで気温が下がっていますが，川越では 1 日の日射が一番厳しい 15 時ごろまで海風が届いていません．川越では東京のヒートアイランド現象の影響により東京湾や相模湾から海風が届く時刻が近隣と比べて遅くなります．これが川越で周辺よりも気温が高くなる理由の 1 つなのです．

　関東で夏に暑い街と言えば熊谷が思い浮かぶと思います．熊谷には気象庁の観測点がありますが，川越にはありません．首都圏の小学校の百葉箱などに温度計を設置したくさんの地点で観測を行ったところ，夏の晴れた日には熊谷よりも川越の方が高い気温が観測されることがわかったのです（Yamato et al. 2017）．ヒートアイランド現象が深刻化する東京都心では，開放空間を設けて冷たい海風を都心に導くようなルートである「風の道」の確保が重要になってきます．

文献リスト

荒木 健太郎（2014）:『雲の中では何が起こっているのか』, ベレ出版.
荒木 健太郎（2018）:『世界でいちばん素敵な雲の教室』, 三才ブックス.
荒木 健太郎（2021）:『空のふしぎがすべてわかる！すごすぎる天気の図鑑』.
安斎 政雄（2005）:『新・天気予報の手引き（新改訂版）』, クライム気象図書出版.
鎌田 浩毅（2018）:『地球とは何か』, SB クリエイティブ.
環境省（2009）: ヒートアイランド対策ガイドライン平成20年度版. https://www.env.go.jp/air/life/heat_island/guideline/h20.html（2024年10月30日閲覧）
国際連合広報センター（2018）:『COP24：国連気候会議 — 何が重要で, 何を知っておく必要がありますか？』.（https://www.unic.or.jp/news_press/features_backgrounders/31408/；2024年10月30日閲覧）
佐藤 純（2021）:『「雨の日, なんだか体調悪い」がスーッと消える「雨ダルさん」の本』, 文響社.
白木 正規（2022）:『新 百万人の天気教室（2訂版）』, 成山堂書店.
鈴木 弘孝・加藤 真司・藤田茂（2016）: 表面温度と日射量から見たグリーンカーテンの温熱環境改善効果, ランドスケープ研究, 79, 459-464.
田近 英一（2021）:『地球環境46億年の大変動史（DOJIN文庫）』, 化学同人.
帝国書院編集部編（2024）:『新詳地理資料 COMPLETE 2024』, 帝国書院.
三上 岳彦（2008）:『都市型集中豪雨はなぜ起こる？―台風でも前線でもない大雨の正体』, 技術評論社.
文部科学省及び気象庁（2022）:『IPCC 第6次評価報告書第1作業部会報告書 政策決定者向け要約 暫定訳』.（https://www.data.jma.go.jp/cpdinfo/ipcc/ar6/IPCC_AR6_WGI_SPM_JP.pdf；2024年10月30日閲覧）
Amante, C. and Eakins, B.W. (2009): ETOPO1 1 Arc-Minute Global Relief Model: Procedures, Data Sources and Analysis, NOAA Technical Memorandum NESDIS NGDC-24, National Geophysical Data Center, NOAA.
Buis, A. (2019): A Degree of Concern: Why Global Temperatures Matter.（https://climate.nasa.gov/news/2865/a-degree-of-concern-why-global-temperatures-matter/；2024年10月30日閲覧）
Food and Agriculture Organization of the United Nations (FAO) (2009): Globefish Commodity Update. Anchovies, 34pp, Rome, Italy, FAO. https://openknowledge.fao.org/handle/20.500.14283/bb302e（2024年10月30日閲覧）.
Huang, B., Banzon V.F., Freeman E., Lawrimore J., Liu W., Peterson T.C., Smith, T.M. Thorne P.W, Woodruff S.D. and Zhang H.-M. (2015): Extended Reconstructed Sea Surface Temperature version 4 (ERSST.v4): Part I. Upgrades and intercomparisons, *Journal of Climate*, 28, 911-930.
IPCC (2018): Global Warming of 1.5°C. An IPCC Special Report on the impacts of global warming of 1.5°C above pre-industrial levels and related global greenhouse gas emission pathways, in the context of strengthening the global response to the threat of climate change, sustainable development, and efforts to eradicate poverty [Masson-Delmotte, V., Zhai, P., Pörtner, H.-O., Roberts, D., Skea, J., Shukla, P.R., Pirani, A., Moufouma-Okia, W., Péan, C., Pidcock, R., Connors, S., Matthews, J.B.R., Chen, Y., Zhou, X., Gomis, M.I., Lonnoy, E., Maycock, T., Tignor, M. and Waterfield T. (eds.)], 616pp, Cambridge, UK and New York, NY, USA, Cambridge University Press.
Kalnay, E. et al. (1996): The NCEP/NCAR 40-year reanalysis project, *Bulletin of the American Meteorological Society*, 77, 437-472.
Lüthi, D., Floch, M.L., Bereiter, B. et al. (2008): High-resolution carbon dioxide concentration record 650,000-800,000 years

before present, *Nature*, 453, 379-382.

Mikami, T. (2023): The Climate of Japan: Present and Paste, 219pp, Singapore, Springer.

Takahashi, K. (2004): The atmospheric circulation associated with extreme rainfall events in Piura, Peru, during the 1997-1998 and 2002 El Niño events, *Annales Geophysicae*, 22, 3917-3926.

Uemura, R., Motoyama H., Masson-Delmotte V. et al. (2018): Asynchrony between Antarctic temperature and CO_2 associated with obliquity over the past 720,000 years, *Nature Communications*, 9, 961.

UNEP (2023): Nations must go further than current Paris pledges or face global warming of 2.5-2.9°C.（https://www.unep.org/news-and-stories/press-release/nations-must-go-further-current-paris-pledges-or-face-global-warming；2024 年 10 月 30 日閲覧）

Yamato, H., Mikami T. and Takahashi H. (2017): Impact of sea breeze penetration over urban areas on midsummer temperature distributions in the Tokyo Metropolitan area, *International Journal of Climatology*, 37, 5154-5169.

あとがき ～「地球科学」のススメ

　最後まで読んでいただきありがとうございます！　まずはこの本を書くことになった経緯について皆さんにお話ししたいと思います．日本大学法学部で前期に担当している「地球科学Ⅰ」では，毎年受講希望者数が1,000人を超えており抽選になっています（2024年度前期は1,400人超）．本があれば抽選に通らなかった学生に「本で学んでおいてねと言えるのにな」といつも思っていました．そんな時に古今書院編集部の関秀明さんと出会い，教科書出版の話をいただいたのです．関さんは出会ってすぐに「学生が理解できないのは教員の力量の問題だと考えるタイプの先生ですよね？」など，私の性格をよく理解されていて「超能力者!?」と思いました．この本が無事に出版に至ったのは関さんのご尽力のおかげです．本当にありがとうございます．

　「まえがき」にも書きましたが，私はもともと文系です．高校の時に大学は理系に進学したいなと思いながら「自分には無理だろう」と思い諦めました．大学入学後にやはり理系に行きたいという思いが強かったので，何を学ぼうかと考えたのです．ある日天気予報を見ていて「お天気に関わる仕事がしたい！」と思い気象予報士試験を受けました．何とか大学卒業前に資格を取得できたのですが，その後の進路について悩んでいたところ，在学していた川村学園女子大学で指導教官だった生井澤幸子先生に「あなたは研究者が向いていると思う」というアドバイスをいただき，お茶の水女子大学の田宮兵衞先生のところで修士課程を過ごさせてもらいました．そして，田宮先生から「もっと理系色が強い研究室に進学するのが良い」とのアドバイスをいただき，東京都立大学の三上岳彦先生の研究室で博士課程を修了したのです．
　今は多くの学生さんが私の授業を「受けたい！」と言ってくれるのですが，大学の授業を持つことになった当初は何を話して良いかわからず，三上先生に授業のノウハウを手取り足取り教えてもらいました（大学院をとうの昔に出ているのに元指導教官に頼り切り…）．また，本書の題名および第13章の内容について三上先生にご意見を賜りました．感謝申し上げます．

　本書を執筆するにあたり，複数の先生方の書籍に掲載された資料を使用させていただきました．また，日本およびアメリカの官庁や民間機関のホームページに掲載されている図や写真も引用しております．ここに御礼申し上げます．図の作成の一部にはハワイ大学が無償で提供しているマッピングソフトであるGMT（Generic Mapping Tools）を使用しています．
　最初は授業内容を作るのにアイデアが全然出てこなくて「頭振ったらでてくるかも」と本当に頭を振ったりしていました．そんな私がまさか大学の教科書を書くことになるとは驚きです．一度理系への進学を諦めて後悔したので，それ以来私は何事も諦めないようにしています．人間やればできます！　皆さんも何事も諦めずにとりあえずやってみて下さいね．

最後に，この本の執筆中に母を亡くしました．現在の科学技術では母を救うことはできませんでしたが，気象災害に遭遇した時，知識があれば救える命はたくさんあります．この本で学んだ知識が皆さんと皆さんの大切な人を守るために役立ってくれたらうれしいです．

2024 年 11 月　永田 玲奈

【著者】

永田 玲奈　　ながた れな

大学では文系であったが，在学時に気象予報士試験に合格し理系に転向．お茶の水女子大学大学院修士課程を修了，東京都立大学大学院理学研究科博士課程を修了．理学博士．

現在，日本大学非常勤講師．月刊地理書評委員．

専門は気候変動．気象データを用いたデータ解析により，長期の気候変動を解明する研究を行ってきた．文系の学生に理系教科を教えることを得意としている．

主な論文に『文系学部において地球科学の履修を促す要因の分析―学生の意識調査による検証―』（地学雑誌），『1901～2000年における北太平洋高気圧西縁部の長期変動と日本の夏季気温との関係』（地理学評論）などがある．

書　名	みんなで学ぶ！地球科学の教科書
英文書名	Earth Science for everyone - Secrets for Understanding the Earth's Atmosphere
コード	ISBN978-4-7722-8126-3　C3044
発行日	2025（令和7）1月2日　初版　第1刷発行
著　者	永田 玲奈　　Copyright ⓒ 2025　Rena NAGATA
発行者	株式会社 古今書院　橋本寿資
印刷所	株式会社 カシヨ
製本所	株式会社 カシヨ
発行所	古今書院　〒113-0021 東京都文京区本駒込5-16-3
TEL/FAX	03-5834-2874 / 03-5834-2875
振　替	00100-8-35340
ホームページ	https://www.kokon.co.jp/　　検印省略・Printed in Japan